IMPLICAÇÕES DIDÁTICO-METODOLÓGICAS EM MATEMÁTICA:
LÓGICA E ABSTRAÇÃO NO ENSINO MÉDIO

SÉRIE MATEMÁTICA EM SALA DE AULA

Roberto José Medeiros Junior

IMPLICAÇÕES DIDÁTICO-METODOLÓGICAS EM MATEMÁTICA:
LÓGICA E ABSTRAÇÃO NO ENSINO MÉDIO

2ª edição

Rua Clara Vendramin, 58, Mossunguê
CEP 81200-170, Curitiba, PR, Brasil
Fone: (41) 2106-4170
www.intersaberes.com
editora@intersaberes.com

Conselho editorial – *Dr. Alexandre Coutinho Pagliarini*
Dr.ª Elena Godoy
Dr. Neri dos Santos
M.ª Maria Lúcia Prado Sabatella

Editora-chefe – *Lindsay Azambuja*

Gerente editorial – *Ariadne Nunes Wenger*

Assistente editorial – *Daniela Viroli Pereira Pinto*

Edição de texto – *Monique Francis Fagundes Gonçalves*

Capa – *Sílvio Gabriel Spannenberg*

Projeto gráfico – *Bruno Palma e Silva*

Diagramação – *Andreia Rasmussen*

Iconografia – *Regina Claudia Cruz Prestes*

Dados Internacionais de Catalogação na Publicação (CIP)
(Câmara Brasileira do Livro, SP, Brasil)

Medeiros Junior, Roberto José
   Implicações didático-metodológicas na matemática : lógica e abstração no ensino médio / Roberto José Medeiros Junior. -- 2. ed. -- Curitiba, PR : Intersaberes, 2023. -- (Série Matemática em sala de aula)

   Bibliografia.
   ISBN 978-85-227-0523-8

   1. Matemática (Ensino médio) 2. Matemática – Estudo e ensino 3. Prática de ensino 4. Professores de matemática – Formação profissional I. Título II. Série.

23-146388   CDD-370.71

Índices para catálogo sistemático:
1. Professores de matemática : Formação profissional : Educação   370.71

Eliane de Freitas Leite – Bibliotecária – CRB 8/8415

1ª edição, 2016
2ª edição, 2023

Foi feito o depósito legal.

Informamos que é de inteira responsabilidade dos autores a emissão de conceitos.

Nenhuma parte desta publicação poderá ser reproduzida por qualquer meio ou forma sem a prévia autorização da Editora InterSaberes.

A violação dos direitos autorais é crime estabelecido na Lei n. 9.610/1998 e punido pelo art. 184 do Código Penal.

Sumário

Apresentação 7

Organização didático-pedagógica 11

Introdução 15

1 A matemática como linguagem 23

    1.1 Os padrões lógicos e a observação da natureza 24

    1.2 Os diferentes tipos de raciocínios matemáticos 29

    1.3 Em busca de padrões e regularidades no cotidiano 35

    1.4 O modelo matemático de Malthus 44

2 As tendências da educação matemática como recursos para a aprendizagem 51

    2.1 Perspectivas antagônicas do ensino da Matemática 52

    2.2 Resolução de problemas, modelagem e investigações matemáticas 65

    2.3 O uso de tecnologias da informação e comunicação na educação matemática 84

2.4 Etnomatemática e história da matemática 88

2.5 Entrelaçamentos de diferentes tendências: em busca de possibilidades 92

3 Legislação e materiais didáticos 107

3.1 Orientações curriculares no Brasil 108

3.2 Possibilidades metodológicas 117

3.3 Produção de materiais didáticos: possibilidades e limitações 125

4 Planejamento de sequências didáticas 135

4.1 Sequências didáticas: em busca de coerência 135

4.2 Sequência didática envolvendo geometria métrica plana 138

4.3 Sequência didática envolvendo a definição de ângulos 140

4.4 Sequências didáticas e a definição de ângulo usando régua e compasso 146

4.5 Sequências didáticas e as diferentes perspectivas geométricas 151

Considerações finais 169

Glossário 171

Referências 173

Bibliografia comentada 187

Respostas 191

Nota sobre o autor 193

Apresentação

Escrevemos este livro com o objetivo de enriquecer o estudo a respeito das atividades e práticas docentes da disciplina de Matemática e contemplar a formação inicial e continuada dos professores dessa área. Para isso, buscamos abranger uma ação didática e uma apresentação diferenciada das propostas de atividades práticas aliadas a um caráter teórico, analítico e reflexivo.

Abordamos cada assunto pensando em retomar conceitos elementares da natureza e das características dos raciocínios lógico e abstrato com foco na ação didática do professor de Matemática dos ensinos fundamental e médio. Dessa maneira as definições, as atividades e os teoremas propostos no livro estão acompanhados de reflexões, análises críticas e sugestões de aprofundamento.

Com os tópicos apresentados, pretendemos abordar a disciplina e as suas respectivas técnicas de ensino de modo peculiar, diferentemente das propostas já consolidadas no ensino da Matemática, tendo como base o contexto educativo dos professores.

O livro encontra-se dividido em capítulos concatenados, de modo a priorizar a organização temática, avançando as ideias e teorias sem perder de foco a formação do professor que ensina Matemática em diferentes níveis. Assim, os conceitos e as técnicas são apresentados de forma gradual. Seguindo a perspectiva da corrente construtivista da educação matemática, nossa intenção é mostrar como a matemática pode ser formulada, pelo homem, com base nas linguagens lógica e abstrata, à medida que ele constrói o seu mundo experimental.

No primeiro capítulo, "A matemática como linguagem", apresentamos os diferentes tipos de raciocínios matemáticos abordados no ensino médio, quais sejam, o numérico/aritmético, o geométrico, o algébrico e o estatístico/probabilístico. Tivemos a preocupação de mostrar alguns dos principais entes geométricos fundamentais, relacionando-os a abordagens numéricas/algébricas tidas como ideais nas práticas de ensino, e a alguns instrumentos utilizados nas práticas de sala de aula e nas atividades sugeridas.

No segundo capítulo, "As tendências da educação matemática como recursos para a aprendizagem", trazemos uma reflexão sobre os principais direcionamentos que a educação matemática está tomando e que podem ser aplicados aos ensinos fundamental e médio, com sugestões de atividades e livros que podem enriquecer as aulas, sempre enfatizando as contribuições da educação matemática para o ensino da disciplina.

Dedicamos o terceiro capítulo, "Legislação e materiais didáticos" ao estudo da documentação oficial que serve de orientação ao desenvolvimento de construções abstratas dos conhecimentos numérico/aritmético, geométrico, algébrico e estatístico/probabilístico no ensino médio, debatendo sobre o potencial da discussão e da elaboração de atividades escolares de acordo com as recomendações existentes nos documentos. No tratamento das possibilidades de uso dessas orientações, discutimos alguns modos de intervenção pedagógica muito explorados na educação matemática. Assim, priorizamos aspectos referentes à legislação, segundo autores estrangeiros que enfatizam a perspectiva didática da Matemática.

No quarto capítulo, "Planejamento de sequências didáticas", revisitamos as técnicas de planejamento, execução e avaliação de sequências didáticas, explorando os materiais didáticos analisados e produzidos no âmbito do ensino médio, abordando, em especial, tópicos de geometria.

A organização do livro leva em consideração que as práticas educativas, as atividades profissionais de ensino, as reflexões e as interações ocorrerão concomitantemente à leitura (estudo) dos assuntos, a qual requer anotações relativas às dúvidas que surgirem e aos progressos conquistados. A nossa ideia central é promover a crítica e incitar a criatividade daqueles que ensinam Matemática sob uma perspectiva não reprodutivista e não tecnicista, na medida em que os conhecimentos teóricos e práticos sobre ensino da Matemática, da abstração e da lógica estão intimamente relacionados na conjectura de atividades de ensino, aprendizagem e avaliação, que guardam características bastante peculiares no que se refere à educação matemática.

Organização didático-pedagógica

Esta seção tem a finalidade de apresentar os recursos de aprendizagem utilizados no decorrer da obra, de modo a evidenciar os aspectos didático-pedagógicos que nortearam o planejamento do material e como o aluno/leitor pode tirar o melhor proveito dos conteúdos para seu aprendizado.

Introdução do capítulo

Logo na abertura do capítulo, você é informado a respeito dos conteúdos que nele serão abordados, bem como dos objetivos que os autores pretendem alcançar.

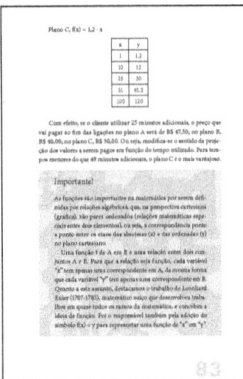

Importante

Algumas das informações mais importantes da obra aparecem nestes boxes. Aproveite para fazer sua própria reflexão sobre os conteúdos apresentados.

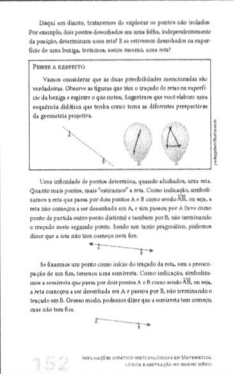

Pense a respeito

Aqui você encontra reflexões que fazem um convite à leitura, acompanhadas de uma análise sobre o assunto.

Para saber mais

Você pode consultar as obras indicadas nesta seção para aprofundar sua aprendizagem.

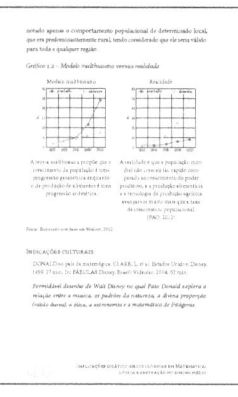

Indicações culturais

Para ampliar seu repertório, indicamos conteúdos de diferentes naturezas que ensejam a reflexão sobre os assuntos estudados e contribuem para seu processo de aprendizagem.

Síntese

Você conta, nesta seção, com um recurso que o instigará a fazer uma reflexão sobre os conteúdos estudados, de modo a contribuir para que as conclusões a que você chegou sejam reafirmadas ou redefinidas.

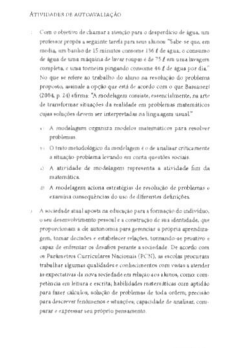

Atividades de autoavaliação

Com estas questões objetivas, você tem a oportunidade de verificar o grau de assimilação dos conceitos examinados, motivando-se a progredir em seus estudos e a se preparar para outras atividades avaliativas.

Atividades de aprendizagem

Aqui você dispõe de questões cujo objetivo é levá-lo a analisar criticamente determinado assunto e aproximar conhecimentos teóricos e práticos.

Introdução

Nessa era de solidão, a escola vive um raro paradoxo. Dela não se espera nada, e dela se espera tudo.

Pablo Gentilli

Neste material, procuramos abordar tópicos da prática profissional do ensino da Matemática com foco no desenvolvimento e no aprofundamento de leituras sobre o pensamento abstrato e a lógica no ensino médio, pensando em seu uso e em sua exploração na sala de aula, tanto na disciplina de Matemática quanto na formação profissional e continuada de professores que ensinam Matemática nos diferentes níveis de ensino da educação básica. Assim, esta obra difere de um livro de lógica para os que desejam se submeter a provas de concurso, e tampouco busca "ensinar" lógica para os interessados em algoritmizar rotinas operacionais. Ela contém mais aspectos e orientações didático-metodológicas do que conteúdos tradicionais de lógica e abstração na Matemática lecionados nos ensinos fundamental e médio.

Mas por que ensinar pensamento abstrato e lógica no ensino médio? Pensar logicamente não é uma atividade inata do ser humano? Para responder a esse questionamento, apresentamos um breve resumo do conceito de pensamento abstrato para contextualizar o assunto.

O pensar abstrato – ou **pensamento abstrato**, conforme Jean Piaget (1896-1980) em sua epistemologia genética (Abreu et al., 2010) – está relacionado ao processo de maturação do indivíduo em "estágios". Nesse sentido, as abstrações estariam localizadas no estágio "operatório formal", e são conceituadas como a "habilidade de engajar-se no raciocínio proposicional e deduções lógicas sem o apoio de objetos concretos" (Piaget, 1995, p. 86). Obter conhecimento, aprender, segundo Piaget (1970), não pode ser concebido como algo predeterminado (inato); assim, as estruturas que impõem a necessidade de abstração são desenvolvidas em contato com o meio, conforme a maneira com que o indivíduo se inter-relaciona com o meio em que vive.

Na área da matemática, especificamente, abstrair é conhecer e dominar a linguagem oral e a sintaxe da linguagem visual empregada na representação gráfica e simbólica dos diferentes símbolos presentes ou não na matemática formal, ou seja, trata-se de conhecer e dominar os elementos utilizados no pensamento matemático. A abstração é o fundamento de qualquer manifestação visual linear, podendo ser também bidimensional ou tridimensional (pode-se pensar em abstração até mesmo no espaço quadridimensional proposto por Einstein), e é por isso que seu domínio é indispensável para o estudo da matemática. Ampliamos o nosso poder de entendimento da matemática à medida que conseguimos abstrair fatos corriqueiros dos problemas cotidianos.

Piaget (1995) caracteriza a abstração em termos "físicos", palpáveis e manipuláveis como **abstração simples**; a abstração lógico-matemática é denominada de **abstração reflexiva**. Quando é possível relacionar vários objetos entre si por meio da abstração, podemos dizer que passamos da abstração simples (empírica, manipulável), percebida pelo toque, para uma abstração reflexiva, em que já conseguimos relacionar as propriedades do objeto com base em outros fatores que, daqui em diante, chamaremos de **objetos concretos** (interiorizados mentalmente).

Desenhar, por exemplo, é um dos instrumentos que uma pessoa usa para manifestar sua criatividade e inteligência, além de servir para a abstração de ideias. Mas, para que isso ocorra, é necessário um toque de sensibilidade e um bocado de perspicácia e expressividade.

No dia a dia, o pensamento lógico e racional predomina na resolução de problemas de matemática ou de problemas que tenham um leve apelo para o caráter utilitarista dela. No entanto, algoritimizar uma rotina pelo emprego da lógica pode nos levar a um condicionamento: ensinarmos a repetir técnicas sem significado. Precisamos considerar que a prática na matemática é, por excelência, uma prática de analogias, ou seja, de comparações e de identificação de padrões. Comparamos diferentes equações e funções, espaços e formas, curvas e retas. É dessa forma que decodificamos o mundo tridimensional e o interpretamos de forma bidimensional, para dar conta dos problemas aos quais nos propomos a resolver.

Cabe ressaltar que este livro não tratará da lógica formal, subárea da matemática por vezes considerada disciplina para concursos e demais avaliações de larga escala. Não obstante o entendimento raso que se faz da lógica como raciocínio analítico imediato, característica do discurso imediatista de que alguns problemas de matemática são necessariamente problemas de "lógica"*, não nos interessa aqui tratar da estrutura formal que é própria dos modelos sentenciais (lógica de primeira ordem) em situações do tipo: "todas as pessoas que moram em Paris moram na França". Sentenças como essa necessitam do dito "sistema lógico", o qual só é utilizado em situações em que é apropriada a análise da língua e quando cabe aceitar ou negar uma afirmação, ou seja, um sistema é corriqueiramente chamado de *lógico* por ser estruturado em teorias e categorias que de fato comprovam a existência de determinado postulado**.

---

* Por vezes, deparamos com alunos afirmando que a avaliação de Matemática foi "difícil" ou "mais interessante" porque havia questões de "lógica matemática"; nesses casos, devemos sempre nos questionar se o que eles entendem por lógica nada mais é do que um problema matemático com enunciado curto que requer um pensamento mais elaborado por parte daquele que o resolve.

** Os postulados, na matemática, são proposições geométricas específicas. Postular significa "pedir para aceitar". Para Humberto Ávila (2003, p. 81): "os postulados, de um lado, não impõem a promoção de um fim, mas, em vez disso, estruturam a aplicação de dever de promover um fim; de outro, não prescrevem indiretamente

Um exemplo de como a lógica formal foi utilizada na matemática, talvez o mais emblemático, ocorreu em meados do século XIX com a geometria não euclidiana, quando foram descobertas possíveis falhas nos axiomas* de Euclides e em sua geometria (Katz, 1998, p. 774).

A geometria euclidiana imperava absoluta e inquestionável desde que Euclides publicou o compêndio *Os elementos*, no ano de 300 a.C. Trata-se de um compêndio instrutivo, composto de treze livros, sendo que os seis primeiros são dedicados à geometria métrica plana elementar, e outros três são dedicados ao estudo da teoria dos números. O livro número dez é dedicado à incomensurabilidade**, e os três últimos, à geometria espacial. A obra é estruturada segundo uma visão aristotélica, com base na qual a geometria seria formada por definições, noções comuns ou axiomas e postulados.

---

comportamentos, mas modos de raciocínio e de argumentação relativamente a normas que indiretamente prescrevem comportamentos."

* Um *axioma* é uma sentença matemática que não precisamos provar ou demonstrar formalmente. É considerada como óbvia e tem serventia como ponto de partida, um consenso inicial necessário para a construção ou aceitação de uma teoria.

** *Incomensurabilidade* é um termo usual da matemática que significa "o que não pode ser medido". Foi cunhado pelos filósofos Thomas Kuhn (1922-1996) e Paul Feyerabend (1924-1994), ambos defendendo que as teorias científicas mais bem-sucedidas são frequentemente incomensuráveis entre si, no sentido de que não há uma forma neutra de comparar os seus méritos.

IMPLICAÇÕES DIDÁTICO-METODOLÓGICAS EM MATEMÁTICA: LÓGICA E ABSTRAÇÃO NO ENSINO MÉDIO

Para saber mais

Os livros que compõem *Os elementos* podem ser consultados *on-line*. Há também uma tradução feita diretamente do grego e encerrada em 2009 por Irineu Bicudo, professor do Departamento de Matemática da Universidade Estadual Paulista (Unesp), de Rio Claro.

COMMANDINO, F. **Elementos de Euclides**. Coimbra: Imprensa da Universidade, 1855. Disponível em: <http://www.mat.uc.pt/~jaimecs/euclid/elem.html>. Acesso em: 1 jun. 2016.

Com suas definições inabaláveis, o compêndio euclidiano passou séculos sem que ninguém o contestasse. A relativa superação desse modelo teve início com o matemático russo Nikolai Lobachevsky (1792-1856) que, em 1826, sedimentou seus estudos de geometria e álgebra questionando o postulado euclidiano das paralelas, que afirmava: "Se uma linha reta, encontrando-se com outras duas retas, fizer os ângulos internos da mesma parte menores que dois retos, estas duas retas, produzidas ao infinito concorrerão para a mesma parte dos ditos ângulos internos" (Pombo, 2016), reinventando a geometria mediante a negação de tal postulado. A "lógica" e a prova axiomática seriam refutadas e transformadas na chamada *geometria não euclidiana* ou *geometria hiperbólica*.

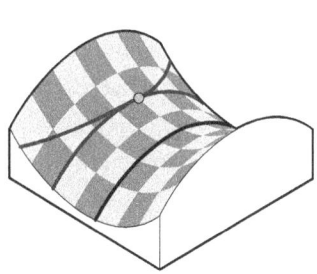
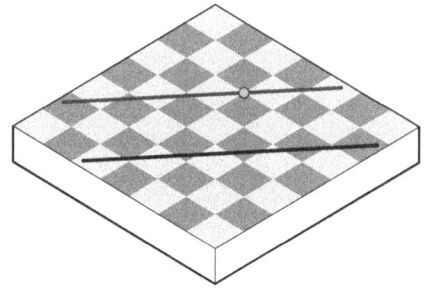

Geometria hiperbólica   Geometria euclidiana

Além desse aspecto, o estudo de Euclides foi absolutamente geométrico, deixando de relacionar a geometria à álgebra com toda a profundidade possível.

Quase um século depois dos trabalhos de Lobachevsky, o professor de Matemática português Bento de Jesus Caraça (1901-1948) relacionou a álgebra à geometria de forma inovadora: ele relatou com precisão a incomensurabilidade dos números irracionais, relacionando a diagonal de um quadrado (de dimensão finita na geometria euclidiana) à impossibilidade de ela ser representada por um número de infinitas casas decimais. A diagonal de um quadrado é representada pela equação diagonal "d" = lado vezes raiz quadrada de dois ($d = l\sqrt{2}$). Note que a raiz quadrada de dois é um número irracional de infinitas casas decimais.

Para Caraça (1984, p. 74),

> a reta, como toda figura geométrica, seria formada de mônadas postas ao lado umas das outras e, então, ao procurar a parte alíquota comum a dois segmentos, ela encontrar-se-ia sempre quanto mais não fosse quando se chegasse, por subdivisões sucessivas, às dimensões da mônada – se um segmento tivesse m, outro n vezes o comprimento da mônada, a razão dos comprimentos seria m/n. A descoberta da incomensurabilidade fazia estalar, como se vê, a teoria das mônadas e a consequente assimilação delas às unidades numéricas, e punha assim, em termos agudos, o problema da inteligibilidade do Universo.

Na escola, desde que o Movimento da Matemática Moderna (MMM) separou os conteúdos de álgebra, aritmética e geometria com a intenção de "potencializar" conceitos com forte apelo à teoria dos conjuntos, ficou latente a percepção de que os conteúdos da área deveriam ser separados em gavetas, e o que ocorreu (e ainda ocorre) é que os professores de Matemática acabavam deixando assuntos como a geometria para o fim do ano letivo, priorizando o ensino de álgebra e aritmética desconectado da geometria.

Assim, considerando essa nova forma de pensar a matemática, derivada da geometria não euclidiana, e com vistas a um ensino mais proveitoso, tratamos a lógica neste livro sob uma perspectiva muito mais próxima do tratamento analítico observado na ação didática daqueles que ensinam Matemática do que do formalismo matemático desejado para as sentenças dedutivas da álgebra booliana.*

---

* Considerada fundamental para o desenvolvimento da computação moderna, criada por George Boole (1815-1864), filósofo britânico e professor de Matemática na Irlanda. Utilizada em circuitos lógicos digitais, representa simbolicamente princípios lógicos fundamentais como o "V" de "verdadeiro" (ou "1", de "ligado") e o "F" de "falso" (ou "0", de "desligado"). Os matemáticos começaram a aplicar os princípios formais da lógica aristotélica (termo, proposição e inferência formal), que os levou para o campo da logica simbólica (a álgebra booliana) como sendo uma família de sistemas lógicos – geralmente usados para se referir a um sistema – nos quais todos os processos (mesmo o pensamento humano) poderia ser representada por regras formais, sistemas lógicos e estruturais. Sua intenção era formalizar as "regras do pensamento" com equações lógicas, uma tarefa bem intencionada, mas que se demostrou impossível.

A MATEMÁTICA COMO LINGUAGEM

As abelhas em virtude de uma certa intuição geométrica sabem que o hexágono é maior que o quadrado e o triângulo, e conterá mais mel com o mesmo gasto de material.

Pappus de Alexandria

Na natureza, em muitos casos, é possível identificarmos padrões de formas, as quais estão relacionadas a algum tipo de regra matemática, afinal, nada é mágico, sobrenatural ou por acaso. Os mais diversos tipos de padrões de formas na natureza podem ser algebrizados e transformados em uma equação ou uma função. Baseados nisso, neste capítulo, apresentamos algumas ideias fundamentais sobre a matemática e a linguagem vislumbrando algumas possibilidades de ensino e aprendizagem nas aulas de Matemática no contexto da educação básica, em especial nas aulas do ensino médio. Para isso, exploramos, inicialmente, a ideia de que a matemática é uma construção humana formada com base na observação da natureza. Das relações estabelecidas entre as formas presentes nas mais diversas ações humanas e nos fenômenos naturais, partimos para o estudo do abstrato e da lógica, procurando destacar as relações entre a matemática e a lógica no ensino médio.

1.1 Os padrões lógicos e a observação da natureza

A capacidade de perceber as formas e descobrir padrões e possibilidades nas criações da natureza é instintivo para o homem e a maioria dos seres vivos. Esse é um tema que motiva pesquisas na matemática e na física há milênios: como a abelha percebe de forma inata que o favo hexagonal é ótimo do ponto de vista da quantidade (nele cabe mais volume se comparado ao quadrado ou ao triângulo) e da rapidez na construção (as abelhas diminuem o gasto com cera na construção das paredes)? Por que razão os planetas têm órbitas elípticas? Por que a estrela-do-mar tem forma radial? Por que o caramujo é espiralado e tem expressa na concha a razão de ouro*? Por que as antigas construções gregas do Parthenon apresentam retângulos áureos em toda a sua estrutura?

> **Pense a respeito**
>
> A abstração permite ao homem o vislumbre de possibilidades que não são imediatas. A possibilidade de perceber a arte na matemática e na geometria é fundamental para a compreensão da linguagem simbólica.

---

* Acredita-se que Martin Ohm (1792-1872) foi a primeira pessoa a utilizar o termo "ouro" para descrever a proporção áurea. Em 1815, ele publicou *Die reine Elementar-Mathematik* (*A matemática pura e elementar*), livro famoso porque contém o primeiro uso conhecido do termo *goldener schnitt* (*razão áurea*) que é phi (ϕ = 1,618033988749895...) "simplesmente" um número irracional, como o π (3,14159265358979...), mas com muitas propriedades matemáticas incomuns. Ao contrário de π, que é um número transcendental, ϕ representa a solução de uma equação quadrática. A relação, ou proporção, determinada por ϕ (1,618 ...) era conhecida pelos gregos como "dividindo uma linha na razão extrema e média", e entre os artistas renascentistas, como a "proporção divina".

Portanto, a beleza e a variedade das formas motivam estudos, técnicas e atividades sobre elas, os quais pretendemos discutir nos capítulos seguintes. E não se trata de um tema restrito a poucas profissões: a habilidade de representar sentenças e padrões por meio de números e letras não é limitada a matemáticos, arquitetos, engenheiros, programadores, desenhistas etc., pois está presente nas mais diversas áreas.

O primeiro passo para transformarmos a linguagem escrita materna em linguagem matemática é ter criatividade, motivação e, principalmente reconhecer padrões e regularidades nas ações cotidianas. Precisamos considerar que os primeiros contatos com as generalizações e regularidades matemáticas acontecem, em grande parte, na escola. Daí a importância da formação do profissional da educação, em especial, do professor de Matemática.

O raciocínio numérico/aritmético é apresentado aos alunos já nas séries iniciais do ensino fundamental, nas atividades de contagem, leitura e escrita dos números. Contar é um ato bastante conhecido e amplamente utilizado para representar a correspondência de termos em dois conjuntos distintos. Na matemática, é comum utilizarmos a expressão *correspondência unívoca* para conceituar os conjuntos enumerados segundo as características não numéricas dos seus elementos. A correspondência unívoca existe entre dois conjuntos: a cada elemento do primeiro corresponde um só elemento do segundo; ambos os conjuntos têm a mesma quantidade de elementos.

Por outro lado, existe também a **correspondência biunívoca**, assim definida:

> na correspondência biunívoca lógica ou qualitativa os elementos se correspondem univocamente em função de suas qualidades, como, por exemplo, quando se analisam as semelhanças entre dois objetos (ou conjuntos de objetos) e, para isto, se estabelece a correspondência entre uma parte de um com a parte semelhante no outro. Por considerarem apenas as qualidades, as correspondências qualitativas independem da quantificação. (Nogueira, 2006, p. 142)

A correspondência biunívoca pode ser representada pela imagem seguinte.

Figura 1.1 – Correspondência biunívoca

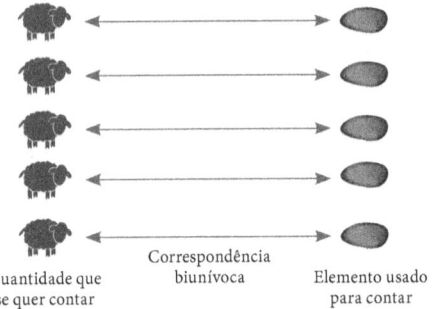

Quantidade que se quer contar — Correspondência biunívoca — Elemento usado para contar

O estudo da correspondência está relacionado à história da criação dos números. Os números, isoladamente, foram concebidos como símbolos, como desenhos que representavam algo que estava relacionado à caça, à pesca, à luta pela sobrevivência, e, a partir de algum momento, passaram a ser insuficientes. Assim, com o passar do tempo e de modo natural (note que o conjunto dos números naturais nasce da atividade primitiva e natural que é contar), houve a necessidade de relacionar fatos e acontecimentos a novos conjuntos numéricos. Um exemplo disso é a medição, o ato de medir: medir em palmos rapidamente passou a ser um tormento, pois as mãos têm tamanhos diferentes e, assim, não havia unificação do que seria o objeto padrão para determinada medida. Vale ressaltar que a busca constante por padrões existe até hoje, e o próprio metro, como unidade internacional de medida, já passou por diversas alterações de referencial.

O fato é que, junto com a necessidade de aprimorar o modo de medir, que estava ligado diretamente às atividades de plantar e criar animais, o homem passou a fixar-se em determinado lugar, geralmente às margens de rios e lagos, formando as civilizações sedentárias. Juntos, homens e animais conviviam em um mesmo espaço. Nas redondezas, à espreita, predadores aguardavam o momento certo para garantir a própria sobrevivência.

Desse modo, surgiu o que pode ser considerada uma "profissão": um pastor primitivo. Mas como controlar o rebanho? Como ter certeza de que nenhuma ovelha havia fugido ou sido devorada por algum animal selvagem?

O jeito foi apelar para a correspondência termo a termo. Um modo original de controlar o rebanho era contando as ovelhas com pedras. Assim, cada ovelha que saía para pastar correspondia a uma pedra. O pastor colocava todas as pedras em um cesto. No fim do dia, à medida que as ovelhas entravam no cercado, o pastor ia retirando as pedras do cesto. Por fim, recolhia as suas ovelhas. Mas, e se sobrasse alguma pedra? Esse pastor jamais poderia imaginar que, milhares de anos mais tarde, haveria um ramo da matemática chamado *cálculo*, ao latim, *calculus*, quer dizer "pedra que serve para contar".

Mais tarde, foi contando objetos em correspondência com outros símbolos que a humanidade começou a construir o conceito de número.

> A Matemática surgiu inicialmente da necessidade de contar e registrar números. Até onde sabemos nunca houve uma sociedade sem algum processo de contagem ou fala numérica (isto é, associando uma coleção de objetos com algumas marcas facilmente manipuláveis, seja em pedras, nós ou inscrições, tais como marcas em madeira ou ossos). O objeto mais antigo, utilizado pelo homem para fazer registros de contagem, é o bastão de **Ishango**, um osso encontrado no Congo (África) em 1950, datado de 20000 a.C., possui marcas compatíveis a um sistema de numeração de base 10, é 18 mil anos mais antigo do que a matemática grega. (Paraná, 2006, p. 216 grifo do original.)

Esse fato continua sendo tão importante que, na matemática, o cálculo é considerado disciplina das licenciaturas. A correspondência termo a termo, um a um, é uma abstração feita pelo homem há milhares de anos. Mas essa abstração torna-se difícil de ser administrada à medida que os conjuntos ficam maiores.

Para que possamos apreender grandes quantidades, precisamos de algumas habilidades, como, por exemplo, a visualização. Segundo Borba, Malheiros e Zulatto (2007, p. 68),

> De acordo com Cifuentes (2005), visualizar é ser capaz de formular imagens mentais e está no início de todo o processo de abstração. Para esse autor, o aspecto visual na Matemática não deve ser associado apenas à percepção física, mas também a um modo de percepção intelectual, relacionada à intuição matemática.

A **intuição matemática** seria uma quase verdade, pois não está baseada em leis gerais (axiomas) ou em raciocínio analítico (uma concatenação lógica baseada em analogias), e a ela qual recorremos intuitivamente quando deparamos com problemas que já conhecemos.

Em contrapartida, temos a **dedução/suposição**, que delimita o campo intuitivo pelo viés das leis gerais, ou seja, trata-se da formulação de hipóteses e generalizações com base em padrões observáveis. Em lógica, trata-se de algoritimizar um procedimento, transformar uma rotina condicional em linguagem universal que possa ser compilada por um tradutor de expressões e símbolos, como uma máquina. Um computador não tem intuição, pois é conduzido e condicionado a ações predefinidas (os tais algoritmos). Quem intui é o usuário interessado em explorar tal algoritmo. Assim, "os computadores não são apenas assistentes dos matemáticos, mas transformam a natureza da própria Matemática, e, portanto, são vistos como atores do coletivo pensante." (Borba; Malheiros; Zulatto, 2007, p. 68).

PENSE A RESPEITO

Na sua prática escolar, ou mesmo durante a sua formação acadêmica, a lógica lhe pareceu, em algum momento, um problema de matemática com enunciado "criativo", em que fosse necessário um "pensamento mais elaborado"? Em caso afirmativo, de que modo o conteúdo de lógica é entendido de forma geral pelos alunos? E como era recebido e tratado por você? Registre suas observações.

1.2 Os diferentes tipos de raciocínios matemáticos

O homem é um ser curioso e, como tal, procura investigar tudo aquilo que o cerca. Investigação sugere criação e descoberta de novos padrões.

O relacionamento da matemática com as demais ciências sempre foi necessário, pois serviu para encorajar os cientistas a solucionar problemas e auxiliá-los a mensurar objetos materiais ou abstratos. Considere, por exemplo, que, sem a matemática, não compreenderíamos as dimensões dos objetos descritos na seguinte passagem: "Salomão mandou fazer um altar de bronze, de nove metros de comprimento por nove de largura e quatro e meio de altura. Também mandou fazer um tanque redondo de bronze, com dois metros e vinte e cinco de profundidade, quatro metros e meio de diâmetro e treze metros e meio de circunferência" (Bíblia, 2009).

Historicamente, o desenvolvimento da matemática – e dos diferentes tipos de raciocínios – ocorreu como consequência do progresso humano, que fez aumentar a **necessidade de contagem** e o **uso da agrimensura**.

Muito antes de Cristo (3000 anos atrás, aproximadamente), o homem se escondia dos animais selvagens e se protegiada chuva e do frio. Ele basicamente cuidava de sua subsistência. As famílias (se é que podemos caracterizá-las dessa forma) eram pequenas e viviam em grutas e cavernas para se esconder (Ifrah, 1997).

A evolução da civilização propiciou melhorias em todas as áreas humanas, e uma das que mais foi beneficiada foi a do desenvolvimento infantil. Antes da descoberta da matemática e da criação da escrita, como as crianças faziam para registrar suas fantasias ou os contos orais que os adultos lhes contavam? Ora, não é preciso alfabeto ou algarismos para representar a imaginação. Não é preciso muito trato com o alfabeto e com os algarismos para representar essa situação.

Tomemos como exemplo a história de uma simpática Senhora Centopeia que foi a uma loja escolher sapatinhos. Imagine a situação que a Joaninha passou quando a Centopeia pediu para experimentar outro par de sapatos (Camargo, 1996). Como uma criança de sete anos representaria essa história?

A prática escolar mostra que mesmo crianças não letradas são capazes de registrar quantidades: no caso da história da Senhora Centopeia, esta comumente é representada pelo desenho de um "bicho com muitos pés", numa clara manifestação de correspondência com os muitos pés da centopeia. De fato, essa relação é mais significativa do ponto de vista da lógica e da abstração do que a correspondência termo a termo: "um pé – um sapato"; "cem pés – cem sapatos".

Comparando a história de uma criança com a história da espécie humana, podemos nos basear em pinturas antigas para comprovar a similaridade entre elas no que tange à necessidade de comunicação, o que inclui a capacidade de ilustrar quantidades.

Nas pinturas rupestres, aparecem os pictogramas (representações de algo por meio de desenhos), geralmente feitos nas paredes das cavernas. Por meio dessas pinturas, os antigos podiam trocar mensagens e deixá-las "salvas" na rocha, transmitindo os seus gostos e as necessidades impostas pela natureza. No entanto, elas não eram um tipo de escrita, pois não havia organização simbólica que permitisse a reprodução delas, nem mesmo a padronização dos símbolos, como ocorre nos sistemas atuais – ainda assim, já havia a importância de representarem-se quantidades, de modo talvez parecido com o qual as crianças o fazem.

Figura 1.2 – Escritas rupestres

A história também mostra que, há cerca de 10.000 anos, o homem começou a modificar bastante seu sistema de vida. No lugar de apenas caçar e coletar frutos e raízes, ele passou a cultivar algumas plantas e a criar animais. Era o início da agricultura; assim, a agrimensura foi um dos elementos relevantes para o aprimoramento do sistema de numeração decimal. Atualmente, os sistemas de numeração são importantes, tanto socialmente quanto economicamente, em ações de qualquer natureza, para as tomadas de decisão que envolvem contagem.

Outro aspecto essencial do raciocínio matemático (e igualmente antigo) é o pensamento geométrico. Na matemática, podemos pensar intuitivamente nas formas presentes na natureza como uma representação imediata de regularidades e padrões independentes dos processos de abstração e concretização. Até mesmo simples grãos de areia, ou mesmo flocos de neve*, são dotados de características próprias e regularidades bastante peculiares.

---

* Helge von Koch (1870-1924) foi um matemático sueco que definiu geometricamente o floco de neve, como o resultado de infinitas adições de triângulos ao perímetro de um triângulo inicial (Koch, 1904). Esse procedimento de obtenção de figuras

O laço histórico formado entre a matemática e o raciocínio geométrico vem desde *Os elementos*, de Euclides (300 a.C.), amplamente difundidos como **geometria euclidiana**, a qual trata, essencialmente, do desenho sobre planos ou em três dimensões, e é baseada em postulados e axiomas. Estruturamos este livro com a intenção de mencionar claramente a geometria euclidiana, em especial os conceitos do primeiro livro dos *Elementos*, que trata das definições (axiomáticas) dos entes geométricos fundamentais: o ponto, a reta e o plano.

Importante!

Na filosofia, um **axioma** é uma premissa considerada evidente e que não pode mais ser refutada (considerada não verdadeira). É o fundamento de uma demonstração, originada na corrente racionalista por princípios construídos com base na consciência (por observação empírica). Já um **postulado** é definido da seguinte forma: "Princípio que, não tão evidente como o axioma, se admite todavia sem discussão." (Dicionário Priberam, 2013)

Era de se esperar que os axiomas e os postulados da geometria euclidiana fossem discutidos e criticados com o passar do tempo. Novas interpretações surgiram somente no fim do século XVIII, com o aparecimento das geometrias alternativas, as chamadas ***geometrias do espaço curvo*** ou ***geometrias não euclidianas***. Cabe citar os estudos feitos pelo matemático alemão Georg Friedrich Bernhard Riemann (1826-1866), que não só reinventou a geometria, como também influenciou Albert Einstein (1879-1955) na Teoria Geral da Relatividade.

---

dotadas de estranha beleza (que por vezes é chamado de Teoria do Caos) com base em formas planas conhecidas é um ramo da matemática conhecido como *geometria fractal* (do latim *fractus*, do verbo *frangere*, que significa "quebrar"). Em homenagem ao sueco, a forma do floco de neve ficou conhecida como *Koch snowflake* (floco de neve de Koch).

Einstein rompeu o paradoxo relutante que sustentava a definição de que a gravidade age na superfície da Terra como uma força que atua nos corpos conferindo a eles um vetor peso e fazendo com que caiam ao chão quando são soltos. Para isso, Einstein utilizou um raciocínio analítico parcialmente dependente da mecânica newtoniana e desgarrado por completo dos axiomas e postulados euclidianos.

Os quadros seguintes apresentam as diferenças entre a geometria euclidiana e as geometrias não euclidianas. Sugerimos uma pesquisa mais ampla sobre tais geometrias, pois elas serão importantes para a análise crítica do que estudamos neste livro.

Quadro 1.1 – Diferentes concepções de geometria

Geometria euclidiana	Geometrias não euclidianas
• Por um ponto, passam infinitas retas. • Por dois pontos, passa uma única reta. • Por três pontos, determino um plano. Esse plano possui três lados e três ângulos, portanto é um triângulo e a soma dos seus ângulos internos é igual a 180°.	• Por um ponto, passam infinitas curvas. • Por dois pontos, passam infinitas curvas. • Por três pontos, determino uma poligonal fechada (um triângulo), e a soma dos seus ângulos internos é maior do que 180°.

(continua)

(Quadro 1.1 – conclusão)

Geometria Euclidiana	Geometrias não euclidianas
• Axioma das paralelas: por um ponto exterior a uma reta passa uma, e só uma, paralela a esta. • No espaço, duas retas são paralelas se existe um plano que as contém, e se essas retas não se tocam, estão na mesma direção, mesmo que estejam em sentidos opostos. Ou, ainda, retas paralelas são retas que nunca se encontram no infinito.	• Redimensiona o axioma das paralelas, obtendo duas outras geometrias: a elíptica e a hiperbólica. Na geometria elíptica, não há nenhuma reta paralela à inicial, enquanto que na geometria hiperbólica existe uma infinidade de retas paralelas à inicial que passam pelo mesmo ponto. • A soma dos ângulos de um mesmo lado (5º postulado de Euclides) pode ser maior do que 180º (dois ângulos retos), afinal, as retas são curvas que ultrapassam o limite imposto pelo plano euclidiano. Portanto, não existem retas que não se cruzem.

Pense a respeito

Baseado no quadro sobre a geometria euclidiana e as não euclidianas e nas pesquisas que você fez, registre as diferenças entre elas que você observou e de que modo elas podem ser exploradas em atividades de abstração.

A perspectiva euclidiana é importante na geometria para que haja certeza de que os traçados são lógicos e bem definidos. A noção básica de lógica depende da teoria, a qual está relacionada a conceitos e procedimentos apresentados na forma de axiomas e postulados. Da lógica, são escritos teoremas amplamente discutidos que, depois de aceitos, tornam-se inalteráveis.

Na atualidade, as definições de raciocínio e desenho geométrico são estudados e aplicados por diversas áreas, como a engenharia, a arquitetura, o *design* gráfico e até pela química. A representação plana das figuras geométricas (planificação) e a construção de sólidos (sólidos de revolução) são importantes, por exemplo, na engenharia de alimentos e nos processos de otimização das embalagens pelas indústrias de alimentos. Mais adiante, veremos que a modelagem matemática é tendência na educação matemática, pois auxilia na resposta às necessidades de tornar "ótimo" o custo da produção de embalagens.

1.3 Em busca de padrões e regularidades no cotidiano

Continuando a discussão sobre os usos da matemática, cabe discutir a natureza do raciocínio numérico/aritmético como atividade matemática que define as operações numéricas (soma, subtração, multiplicação e divisão) e as progressões (aritmética e geométrica).

Parece pouco, mas o estudo das progressões deveria levar em conta a lógica pois é ela quem estrutura o raciocínio analítico. Pela ordem, os raciocínios são, em primeira instância, numéricos; então, são operacionalizados em proposições primitivas e se tornam aritméticos, generalizados; em seguida, passam a ser algébricos para então serem analíticos, pois retomam a comparação e a análise categorizando as estruturas lógicas.

Para explicar melhor o que é um padrão seguindo a ideia de generalizações, vamos estudar as progressões matemáticas, que se originaram da ideia de contagem natural na forma {1, 2, 3, 4...} e foram ampliadas para os tipos ditos "lógicos" – por exemplo, qual a lógica da sequência {1, 3, 5, 7...}?

Chama-se **sequência** ou **sucessão numérica** qualquer conjunto ordenado de números reais ou complexos. Assim, por exemplo, o conjunto ordenado A = {3, 5, 7, 9, 11, ..., 35} é uma sequência cujo primeiro termo é 3, o segundo termo é 5, o terceiro termo é 7 e assim sucessivamente.

Uma sequência pode ser **finita** ou **infinita**.

Na sequência, temos um conjunto de números que seguem uma determinada ordem. Na série, temos a soma dos números de uma sequência. Uma série muito conhecida na matemática é a série harmônica. O nome *harmônica* guarda relação com a proporcionalidade dos comprimentos de onda da vibração de uma corda esticada: {1, 1/2, 1/3, 1/4, ...}. O que chama a atenção nessa série é o fato de ela ser uma das primeiras das quais foi descoberto que o seu termo geral pode tender a zero sem que ela seja convergente. Isso ocorreu por volta do século XIV, e a descoberta foi feita pelo matemático Nicole Oresme (1325-1382), professor na Universidade de Paris.

Para saber mais

Um exemplo concreto de sequência numérica é a sequência de números pares positivos (2, 4, 6, 8, 10, ... , 2n, ...), cujo termo geral é designado por $a_n = 2n$, $n = 1, 2, 3, ...$. Sequências numéricas podem ser convergentes ou divergentes. De uma sequência, deriva uma série, por exemplo: a sequência dos números pares fornece a série de números pares $2 + 4 + 6 + n$, que resulta em uma expressão de soma parcial representada por $\sum_{n=1}^{\infty} 2.n$ que é a representação matemática para a série de números pares - uma série de um a infinito com termo geral (a_n) de valor 2n ($a_n = 2n$). Para aprofundar o estudo sobre as séries convergentes e divergentes, leia o seguinte artigo:

ÁVILA, G. As séries infinitas. **RPM – Revista do Professor de Matemática**, n. 30. Disponível em: <http://www.ime.usp.br/~pleite/pub/artigos/avila/rpm30>. Acesso em: 29 maio 2016.

1.3.1 Progressão aritmética (PA)

Progressão aritmética (PA) é a sequência numérica cujos termos são formados pelo termo anterior somado a uma razão constante (**r**). Essa razão pode ser crescente, decrescente ou constante, e podemos obtê-la pela diferença entre um dos termos (exceto o primeiro) e o seu anterior.

Exemplos:

- PA crescente: A = (4, 5, 6, 7, 8, 9, ...) razão = 1;
- PA decrescente: B = (36, 30, 24, 18, 12, ...) razão = −6);
- PA constante: C = (10, 10, 10, 10, 10, ...) razão = 0.

Pelos exemplos acima, podemos deduzir que, para determinados valores de r, teremos um dos três tipos de PA:

- PA é crescente → r > 0
- PA decrescente → r < 0
- PA constante → r = 0

De acordo com a característica da PA, temos:

$$a_2 = a_1 + r \qquad a_3 = a_2 + r$$
$$\downarrow$$
$$a_3 = a_1 + r + r$$
$$a_3 = a_1 + 2r$$

Assim, para determinarmos o valor de um termo qualquer de uma PA, usamos a **fórmula do enésimo termo**.

$$a_n = a_1 + (n - 1)r$$

Ressaltamos, quanto a esse conteúdo, a importância da **lei de formação**, ou seja, da expressão matemática que relaciona entre si os termos da sequência. Ela é denominada *termo geral de uma PA* ou *generalização*.

Fórmula da soma de uma PA descoberta por um "piá"

Conta-se que um professor de matemática propôs um exercício aos alunos de uma classe para mantê-los ocupados. O exercício era calcular a some de todos os números de 1 a 100. Para sua surpresa, um dos alunos logo deu a resposta: 5050! Intrigado o professor perguntou a ele qual o raciocínio que ele havia utilizado para chegar à resposta.

Então o aluno lhe respondeu que o primeiro número (1) mais o ultimo (100), era igual a 101; o segundo número (2) mais o penúltimo (99), também era igual a 101; e assim sucessivamente. Como havia 50 pares de somas cujo resultado era igual a 101, bastou fazer a multiplicação 50 X 101 = 5050.

$$1 + 100 = 101$$
$$2 + 99 = 101$$
$$3 + 98 = 101$$
$$\ldots$$
$$49 + 52 = 101$$
$$50 + 51 = 101$$
$$\downarrow$$
$$50 \cdot 101 = 5050$$

O professor parabenizou o seu aluno e quis saber o seu nome. Era Johann Carl Friedrich Gauss (1777-1855), que mais tarde se tornaria um grande matemático.

PROPRIEDADES DAS PROGRESSÕES ARITMÉTICAS

1. Numa PA, cada termo (a partir do segundo) é a média aritmética dos termos equidistantes deste.

Exemplo:

Seja uma PA representada por três termos: (*m, n, r*). O termo *n* é a média entre os "vizinhos"

$$n = \frac{(m + r)}{2}$$

Importante!

Se o enunciado do problema tiver a seguinte frase: "Três números estão em PA", podemos resolvê-lo considerando que a PA é do tipo: (x − r, x, x + r), sendo r a razão da PA.

2. A segunda propriedade afirma que, em uma PA, a soma dos termos equidistantes dos extremos é constante.

Exemplo geral:

Considere uma PA: (m, n, r, s, t); portanto, m + t = n + s = r + r = 2r.

Exemplo prático:

Sabendo que a sequência (1 − 3x, x − 2, 2x + 1) é uma PA, determine o valor de "x".

Pela propriedade,

$$a_2 - a_1 = a_3 - a_2$$

sendo:

- a_1 = primeiro termo = 1 − 3x;
- a_2 = segundo termo = x − 2;
- a_3 = terceiro termo = 2x + 1.

Resolvendo a equação, temos:

x − 2 − (1 − 3x) = 2x + 1 − (x − 2)

x − 2 − 1 + 3x = 2x + 1 − x + 2

4x − 3 = x + 3

4x − x = 3 + 3

$3x = 6$

$x = 2$

Soma dos termos de uma PA

Outro assunto que tratamos ao lidar com PA é a soma de seus elementos. Seja, por exemplo, a PA $(a_1, a_2, a_3, ..., a_{n-1}, a_n)$, a soma dos "n" termos é escrita como $S_n = a_1 + a_2 + a_3 + ... + a_{n-1} + a_n$, e pode ser deduzida facilmente com a aplicação da segunda propriedade da PA.

Temos:

$S_n = a_1 + a_2 + a_3 + ... + a_{n-1} + a_n$

Também podemos escrever a progressão acima como:

$S_n = a_n + a_{n-1} + ... + a_3 + a_2 + a_1$

Somando membro a membro a duas progressões, temos:

$2 \times S_n = (a_1 + a_n) + (a_2 + a_{n-1}) + ... + (a_n + a_1)$

Logo, pela segunda propriedade, as "n" parcelas entre parênteses possuem o mesmo valor (são iguais à soma dos termos extremos $a_1 + a_n$), e então concluímos que:

$2 \cdot S_n = (a_1 + a_n)n$, sendo n o número de termos da PA.

Daí:

$$S_n = \frac{(a_1 + a_n)n}{2}$$

Exercício resolvido

1. Calcule a soma dos 200 primeiros números ímpares positivos.

   Temos a PA: $(1, 3, 5, 7, 9, ...)$, e precisamos conhecer o valor de a_{200}:

   A razão, neste caso, é igual a 2 $(r = 2)$

$a_{200} = a_1 + (200 - 1)r = 1 + 199 \cdot 2 = 399$

Logo,

$S_n = [(1 + 399) \cdot 200] / 2 = 40000$

Portanto, a soma dos duzentos primeiros números ímpares positivos é igual a 40000.

1.3.2 Progressão geométrica (PG)

A progressão que envolve um tipo específico de representação de sequências numéricas finitas ou infinitas sucessivas e que, em vez da diferença entre dois termos consecutivos, utiliza uma razão constante (**q**), ou quociente, entre um termo qualquer e o seu anterior, é chamada de *progressão geométrica*. Assim, para encontrarmos um termo da PA, basta multiplicarmos o termo imediatamente anterior a ele pela razão.

Para calcularmos a razão da progressão, caso ela não esteja suficientemente evidente, dividimos dois termos consecutivos. Por exemplo, na progressão (1, 2, 4, 8,...), q = 2, pois:

$$4 : 2 = 2 \text{ ou } 8 : 4 = 2,$$

e assim sucessivamente.

A equação do termo geral de uma PG é dada por

$a_2 = a_1 \cdot q$

$a_3 = a_2 \cdot q \rightarrow a_3 = a_1 \cdot q \cdot q \rightarrow a_3 = a_1 \cdot q^2$

$a_4 = a_3 \cdot q \rightarrow a_4 = a_1 \cdot q^2 \cdot q \rightarrow a_4 = a_1 \cdot q^3$

(...)

Assim, obtemos a expressão: $\mathbf{a_n = a_1 \cdot q^{n-1}}$.

Uma PG é expressa como uma sequência. Por exemplo, a sequência (8, 16, 32, 64, 128, 256, 512, 1024) é uma progressão de oito termos, com razão "q" igual a 2, pois a divisão entre um termo qualquer (menos o primeiro) e o seu anterior é sempre 2. Por exemplo: 16 : 8 = 2, razão "q" da PG.

Outro exemplo: a sequência (5, 15, 45, 135) é uma progressão de quatro termos, com razão "q" igual a 3, pois a divisão entre o segundo e primeiro termo (ou entre o terceiro e o segundo ou entre o quarto e o terceiro) é igual a 3. Por exemplo: 15 : 5 = 3, razão "q" da PG.

Exercício resolvido

1. Sendo 16 o primeiro termo de uma PG e 3 a razão, calcule o termo de ordem 6.

    Resolução: Retirando os valores do enunciado:

    $a_1 = 16$

    $q = 3$

    $a_6 = ?$

    $n = 6$

    Usando a fórmula do termo geral:

    $a_n = a_1 \cdot q^{n-1}$

    Resolvendo:

    $a_n = a_1 \cdot q^{n-1}$

    $a_6 = 16 \cdot q^{6-1}$

    $a_6 = 16 \cdot 2^5$

    $a_6 = 16 \cdot 32$

    $a_6 = 512$ (o sexto termo da sequência é 512)

PROPRIEDADES DAS PROGRESSÕES GEOMÉTRICAS

1. Em toda PG, um termo é a média geométrica dos termos imediatamente anterior e posterior. Exemplo: dada uma progressão geométrica genérica (a, b, c, d, e, f, g), é correto afirmar que:

- $b^2 = a \cdot c$;
- $c^2 = b \cdot d$;
- $d^2 = c \cdot e$;
- $e^2 = d \cdot f$.

2. O produto dos termos equidistantes dos extremos de uma PG é constante.

Exemplo: dada uma progressão geométrica genérica (a, b, c, d, e, f, g), temos então que
$a \cdot g = b \cdot f = c \cdot e = d \cdot d = d^2$

SOMA DOS TERMOS DE UMA PG FINITA

Seja a PG $(a_1, a_2, a_3, a_4, \ldots, a_n, \ldots)$.

Para o cálculo da soma dos termos de uma PG, utilizamos a seguinte fórmula:

$$S_n = \frac{a_n \cdot q - a_1}{q - 1}$$

Se substituirmos $a_n = a_1 \cdot q^{n-1}$, obteremos uma nova apresentação para a fórmula da soma de uma PG finita, ou seja:

$$S_n = a_1 \frac{q^n - 1}{q - 1}$$

Ou, da forma mais usual:

$$S_n = \frac{a_1 \cdot (q^n - 1)}{q - 1}$$

SOMA DOS TERMOS DE UMA PG DECRESCENTE E INFINITA

Considere uma PG com infinitos termos e que seja decrescente. Nessas condições, podemos considerar que, no limite, teremos $a_n = 0$. Substituindo $a_n = 0$ na fórmula anterior, encontraremos:

$$S_n = \frac{a_1}{1 - q}$$

Exercício resolvido

1. Resolva a equação $x + \frac{x}{2} + \frac{x}{4} + \frac{x}{8} + \frac{x}{16} + \ldots = 100$.

Ora, trata-se de uma PG de primeiro termo x e razão 1/2. Logo, substituindo as variáveis da fórmula, temos:

$$\frac{x}{1 - 1/2} = 100$$

Daí, x = 100 · 1/2 = 50

1.4 O modelo matemático de Malthus

Um exemplo clássico e bastante usado como alusão à aplicabilidade das progressões aritméticas e geométricas em situações cotidianas é o modelo demográfico proposto pelo economista britânico Thomas Robert Malthus (1766-1834).

O estudo feito por Malthus para o controle do aumento populacional, conhecido como malthusianismo, está fortemente embasado na representação analítica da taxa de crescimento populacional *versus* taxa de produção de alimentos no mundo*.

Em linhas gerais, o modelo proposto por Malthus utiliza a PA como ponto de partida na análise da taxa de produção de alimentos, ou seja, uma PA de razão dois, formando a sequência: 2, 4, 6, 8, 10, ..., sendo a produção limitada em função dos limites territoriais dos continentes.

Para a representação analítica do crescimento populacional da época (1798), a população tenderia a duplicar a cada 25 anos (o tempo de cada geração). Seu crescimento obedeceria a uma progressão geométrica de razão igual a dois, formando a sequência: 2, 4, 8, 16, 32, 64, ... ininterruptamente, sendo que as guerras, as epidemias e os desastres naturais atuariam como controladores do crescimento populacional.

Analiticamente, representamos em um plano cartesiano as duas progressões, tendo como eixo das abscissas (eixo x), o número de gerações (cada intervalo entre as gerações equivale a 25 anos).

---

* Preocupado com o crescente aumento da população e suas consequências socioeconômicas (aumento da pobreza e da fome), Malthus expôs sua famosa teoria sobre o princípio da população, pela qual atribuía toda a culpa da caótica situação que a Inglaterra vivia naquele momento ao excessivo crescimento populacional dos pobres.

Gráfico 1.1 – Teoria malthusiana

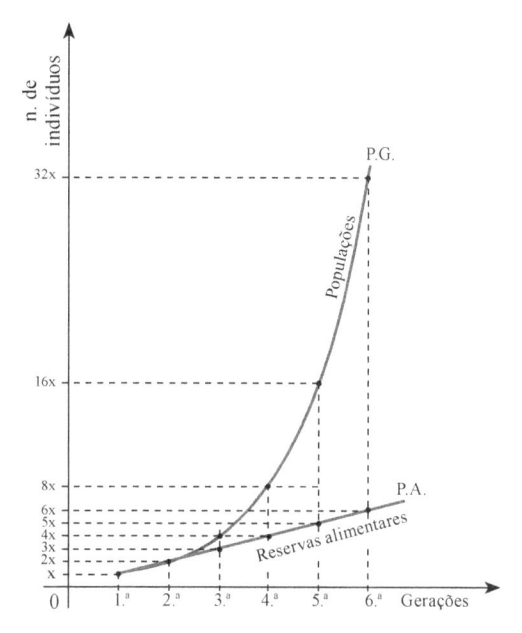

```
n. de indivíduos
                                              P.G.
32x ----------------------------------------/
                                           /
                                       Populações
                                         /
                                        /
16x -------------------------------/
                                  /
                                 /
                            /
8x -----------------/-----------------------P.A.
6x ---------/----------------
5x -------/------------
4x -----/---------        Reservas alimentares
3x ---/-----
2x --/
x -/
 0|   1.ª   2.ª   3.ª   4.ª   5.ª   6.ª   Gerações
```

Fonte: Cunha, 2009.

A princípio, a curva que caracteriza a função exponencial (que representa as populações da teoria de Malthus) faz-nos crer que a população deveria crescer rapidamente, tendendo a infinito; porém, esse fato não se aplica a toda e qualquer população*. Além disso, o modelo de Malthus não deu conta de prever os avanços tecnológicos relativos à produção agrícola. Entretanto, no momento de sua formulação, ele parecia sólido o suficiente para ser divulgado no meio acadêmico. Afora essas questões, outro motivo para o modelo ser questionado foi o fato de Malthus ter

---

* Durante os séculos XVIII e XIX, houve um acentuado crescimento demográfico devido à consolidação do capitalismo e à Revolução Industrial, que proporcionaram a elevação da produção de alimentos nos países em processo de industrialização e a diminuição da taxa de mortalidade (principalmente na Europa e nos Estados Unidos). Além do estudo de Malthus, muitos outros sobre o crescimento populacional e as suas consequências na produção de alimentos foram realizados nesse período, porém todos refletiam a realidade de países europeus e, portanto não poderiam ser aplicados a outras regiões do planeta.

notado apenas o comportamento populacional de determinado local, que era predominantemente rural, tendo considerado que ele seria válido para toda e qualquer região.

Gráfico 1.2 – Modelo malthusiano versus realidade

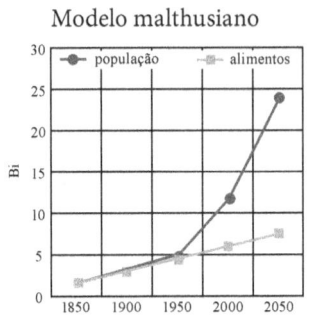

Modelo malthusiano	Realidade
A teoria malthusiana propõe que o crescimento da população é uma progressão geométrica enquanto o da produção de alimentos é uma progressão aritmética.	A realidade é que a população mundial não cresceu tão rápido comparada ao crescimento do poder produtivo, e a produção alimentícia e a tecnologia de produção agrícola avançaram muito mais que a taxa de crescimento populacional. (FAO, 2012)

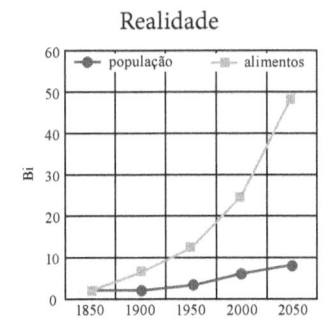

Fonte: Elaborado com base em Mielost, 2012.

Indicações culturais

DONALD no país da matemágica. CLARK, L. et al. Estados Unidos: Disney, 1959. 27 min. In: FÁBULAS Disney. Brasil: Videolar, 2004. 62 min.

Formidável desenho de Walt Disney no qual Pato Donald explora a relação entre a música, os padrões da natureza, a divina proporção (razão áurea), a ótica, a astronomia e a matemática de Pitágoras.

Síntese

Neste capítulo, mostramos que os padrões matemáticos são expressos em generalizações. Na ciência aplicada, um modelo matemático é um tipo de modelo científico que emprega o formalismo matemático para expressar relações, variáveis e parâmetros.

Os padrões matemáticos servem para estudar comportamentos em sistemas complexos que acabam aparecendo em situações difíceis de serem observadas na realidade.

Também vimos que as progressões matemáticas podem ser aritméticas ou geométricas e discutimos o modelo de Malthus, um modelo matemático usado em uma situação real.

Atividades de autoavaliação

1. Em relação ao desenho de uma reta e um triângulo, e utilizando a geometria não euclidiana, marque V (verdadeiro) ou F (falso) nas seguintes afirmativas e depois assinale a opção correta.

   ( ) Dependendo do local onde é feito o traçado, tem-se uma perspectiva diferente das leis gerais.
   ( ) A teoria dos espaços curvos rompeu com o paradigma da geometria euclidiana.
   ( ) A soma dos ângulos internos de um triângulo no espaço curvo é sempre igual a 270°.
   ( ) A soma dos ângulos internos de um triângulo pode ser igual a 900°, dependendo do espaço adotado.
   ( ) Leis gerais são formulações matemáticas que se adaptam a situações reais descrevendo o fenômeno observado.

   A alternativa que apresenta a ordem correta é:
   a) F, F, V, V, F.
   b) V, V, V, F, V.
   c) V, V, F, V, V.
   d) F, V, V, F, V.

2. Para instigar a percepção lógica da estruturação do pensamento algébrico na matemática, atividades como a descrita a seguir costumam ser exploradas. A estrutura de formação de figuras representada abaixo é desenhada com traços simples relacionados ao número de quadrados formados.

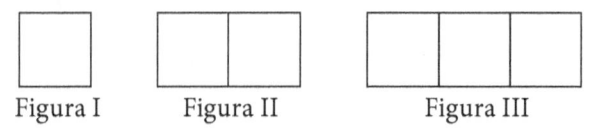

Figura I   Figura II   Figura III

Diante do exposto, assinale a expressão que fornece a quantidade de traços em função da quantidade de quadrados de cada figura. Considere que cada lado de um quadrado equivale a um traço e que lados contíguos devem ser considerados uma única vez. Considere T = traço e Q = quadrado.

a) $T = 4Q$.
b) $T = 3Q + 1$.
c) $T = 4Q - 1$.
d) $T = Q + 3$.

3. (Enem – 2013) As projeções para a produção de arroz no período de 2012-2021, em uma determinada região produtora, apontam para uma perspectiva de crescimento constante da produção anual. O quadro apresenta a quantidade de arroz, em toneladas, que será produzida nos primeiros anos desse período, de acordo com a projeção.

Ano	Projeção da produção (t)
2012	50,25
2013	51,50
2014	52,75
2015	54,00

A quantidade total de arroz, em toneladas, que deverá ser produzida no período de 2012 a 2021, será de:

a) 497,25.

b) 500,85.

c) 502,87.

d) 558,75.

4. Numa PG de razão positiva, o primeiro termo é igual ao dobro da razão, e a soma dos dois primeiros termos é 24. Nessa progressão, a razão é:

a) 1.

b) 2.

c) 3.

d) 4.

5. A população de uma cidade era, em 2000, de cerca e 40000 habitantes, e, em 2010, de 60000. Supondo que se trata de um crescimento geométrico, a população dessa cidade em 2020 será cerca de:

a) 80000.

b) 90000.

c) 100000.

d) 110000.

Atividades de aprendizagem

Questões para reflexão

1. Os temas centrais desta atividade são os conceitos de beleza e de perfeição na matemática e na geometria. Organize um grupo com mais três a cinco colegas e, juntos, discutam a seguinte questão, tomando por base o texto do capítulo: na matemática, vale mais o belo e o criativo ou o formal e o abstrato? Ao final da discussão, procure fazer um registro breve das principais respostas e reflexões tratadas. Para nortear a discussão, apresentamos algumas questões a seguir:

a) O que é perfeito para você é perfeito para todos?
b) O que é geométrico passa primeiro e necessariamente pelo abstrato?
c) Como desenvolver o conceito de abstrato e a lógica nos alunos nas aulas de Matemática?

Atividades aplicadas: prática

1. Elabore um plano de aula para o ensino médio que contemple a discussão sobre o traçado de retas em superfícies que não sejam planas (por exemplo, na geometria hiperbólica). No desenvolvimento do plano de aula, especifique a série a que se destina e o tempo de duração previsto para a aula. Organize suas ideias procurando identificar cada conceito e as considerações finais sobre o assunto.

2. Produza uma apresentação com imagens das atividades desenvolvidas na questão anterior.

As tendências da educação matemática como recursos para a aprendizagem 2

Neste capítulo, apresentamos algumas mudanças significativas no ensino da Matemática ao longo dos anos. Podemos dizer que as políticas de ensino anteriores ao século XXI tratavam de selecionar os estudantes em uma minoria favorecida. Dentre as mudanças ocorridas no ensino da Matemática no Brasil está uma concepção que se preocupa menos com teorias e "ismos" e é baseada na adoção de uma visão mais democrática para a propagação da matéria, com o objetivo de criar oportunidades educacionais para estudantes vindos dos mais diversos níveis da sociedade. Também analisamos as diferentes tendências na educação matemática como recurso para o desenvolvimento dos raciocínios numérico/aritmético, geométrico, algébrico e estatístico/probabilístico no contexto do ensino médio.

2.1 Perspectivas antagônicas do ensino da Matemática

Até as décadas de 1960 e 1970, o ensino da Matemática no Brasil recebeu influências de um conjunto de ações conhecido como Movimento da Matemática Moderna (MMM)*, mas essa influência não foi uma disposição natural da perspectiva docente e dos livros didáticos espalhados nas escolas. Por isso, podemos dizer que essa proposta de "modernização" foi um fracasso (Kline, 1976).

O MMM esteve presente e operante nas práticas escolares brasileiras entre os anos de 1960 a 1970. O movimento pretendia "revolucionar" o ensino da Matemática com a realização de mudanças nos currículos da disciplina. As "modernizações" centraram-se em torno da teoria dos conjuntos, da lógica matemática, da álgebra moderna e dos espaços vetoriais.

Com muitos simbolismos e enfatizando a precisão de uma nova linguagem, professores e alunos passaram a conviver com uma rotina: obrigatoriamente, no primeiro ano do ensino médio, a primeira aula era sobre a teoria dos conjuntos, com as noções de estrutura e de grupo. Esse *modus operandi* é bem próprio do MMM.

Trazendo ideais de um ensino mais atraente para a Matemática (mais moderno) e tendo superado o formalismo da Matemática tradicional (considerada antiquada), o MMM desembarcou nas escolas brasileiras carregado de métodos e não deu conta de melhorar o ensino da Matemática no Brasil.

Como a maioria das mudanças no campo educacional brasileiro, as chamadas *Tendências em Educação Matemática* não foram amplamente discutidas entre os professores da educação básica, ficando, muitas vezes, limitadas às discussões universitárias, seja em congressos, seja em

---

* O Movimento da Matemática Moderna (MMM) surgiu no final da década de 1950, na Conferência Internacional em Royalmont, com influências francesas e alemãs. O MMM propunha a defesa do uso da teoria dos conjuntos, o alto nível de generalidade e o rigor lógico.

opiniões emanadas por grupos com diferentes pontos de vista, em geral compostos por professores lotados em universidades e em sociedades matemáticas.

Um caso bastante emblemático (e que gerou muita polêmica) dos diferentes pontos de vista sobre que rumos a Matemática escolar deveria tomar foi protagonizado pela professora Suely Druck – então presidente da Sociedade Brasileira de Matemática (Sbem) da Universidade Estadual Paulista (Unesp), de Rio Claro – e pelo professor Romulo Lins – do Departamento de Matemáticada da Unesp e que também foi presidente da Sociedade Brasileira de Educação Matemática entre 1995 e 1998. O caso se deu em março de 2003, por meio de um artigo publicado no caderno *Sinapse,* da Folha de São Paulo, o qual transcrevemos na íntegra, junto com a réplica a ele. O conteúdo é obviamente polêmico e merece ser discutido. Os textos estão reproduzidos exatamente como foram escritos e trazem as opiniões antagônicas de dois expoentes da matemática no Brasil. Trabalharemos, ao longo deste capítulo, as questões de aprendizagem baseadas nas opiniões aqui debatidas.

O drama do ensino da matemática

Suely Druck

A qualidade do ensino da matemática – assunto da reportagem de capa do último Sinapse – atingiu, talvez, o seu mais baixo nível na história educacional do país.

As avaliações não poderiam ser piores. No Provão, a média em matemática tem sido a mais baixa entre todas as áreas. O último Saeb (Sistema Nacional de Avaliação da Educação Básica) mostra que apenas 6% dos alunos têm o nível desejado em matemática. E a comparação internacional é alarmante. No Pisa (Program for International Student Assessment) de 2001, ficamos em último lugar.

Resultados tão desastrosos mostram muito mais do que a má formação de uma geração de professores e estudantes: evidenciam o pouco valor dado ao conhecimento matemático e a ignorância em que se encontra a esmagadora maioria da população no que tange à matemática. Não é por acaso que o Brasil conta com enormes contingentes de pessoas privadas de cidadania por não entenderem fatos simples do seu próprio cotidiano, como juros, gráficos, etc. – os analfabetos numéricos –, conforme atesta o recente relatório INAF [Indicador de Analfabetismo Funcional] sobre o analfabetismo matemático de nossa população.

Diante dessa situação, encontramos o discurso – tão frequente quanto simplista – de que falta boa didática aos professores de matemática. Todavia, pouco se menciona que o conhecimento do conteúdo a ser transmitido precede qualquer discussão acerca da metodologia de ensino.

Abordar a questão do ensino da matemática somente do ponto de vista pedagógico é um erro grave. É necessário encarar primordialmente as deficiências de conteúdo dos que lecionam matemática. É preciso entender as motivações dos que procuram licenciatura em matemática, a formação que a licenciatura lhes propicia e as condições de trabalho com que se deparam.

A enorme demanda por professores de matemática estimulou a proliferação de licenciaturas. Nas faculdades, há muita vaga e pouca qualidade, o que transforma as licenciaturas em cursos atraentes para os que desejam um diploma qualquer. Produz-se, assim, um grande contingente de docentes mal formados ou desmotivados. Esse grupo atua também no ensino superior, sobretudo nas licenciaturas, criando um perverso círculo vicioso.

É verdade que, nas boas universidades, temos excelentes alunos nas graduações de matemática. Porém, eles formam um grupo tão pequeno que pouco influenciam as tristes estatísticas. Predomina uma enorme evasão dos cursos, uma vez que a maioria não enfrenta as dificuldades naturais dos bons cursos.

Nos últimos 30 anos, implementou-se no Brasil a política da supervalorização de métodos pedagógicos em detrimento do conteúdo matemático na formação dos professores.

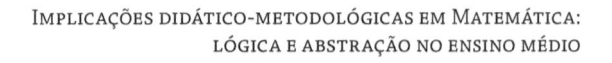

Comprovamos, agora, os efeitos danosos dessa política sobre boa parte dos nossos professores. Sem entender o conteúdo do que lecionam, procuram facilitar o aprendizado utilizando técnicas pedagógicas e modismos de mérito questionável.

A pedagogia é ferramenta importante para auxiliar o professor, principalmente aqueles que ensinam para crianças. O professor só pode ajudar o aluno no processo de aprendizagem se puder oferecer pontos de vista distintos sobre um mesmo assunto, suas relações com outros conteúdos já tratados e suas possíveis aplicações. Isso só é possível se o professor tiver um bom domínio do conteúdo a ser ensinado. A preocupação exagerada com as técnicas de ensino na formação dos professores afastou-os da comunidade matemática.

Além disso, eles se deparam com a exigência da moda: a contextualização. Se muitos de nossos professores não possuem o conhecimento matemático necessário para discernir o que existe de matemática interessante em determinadas situações concretas, aqueles que lhes cobram a contextualização possuem menos ainda. Forma-se, então, o pano de fundo propício ao surgimento de inacreditáveis tentativas didático-pedagógicas de construir modelos matemáticos para o que não pode ser assim modelado.

Os Parâmetros Curriculares Nacionais do MEC são erradamente interpretados como se a matemática só pudesse ser tratada no âmbito de situações concretas do dia a dia, reduzindo-a a uma sequência desconexa de exemplos o mais das vezes inadequados. Um professor de ensino médio relatou que, em sua escola, existe a "matemática junina", enquanto outro contou ter sido obrigado a dar contexto matemático a trechos de um poema religioso. Certamente, esses não são exemplos de uma contextualização criativa e inteligente que pode, em muito, ajudar nossos alunos. Lamentavelmente, esses tipos de exemplo proliferam em nossas escolas.

O bom treinamento em matemática é efetuado, necessariamente, com ênfase no argumento lógico, oposto ao autoritário, na distinção de casos, na crítica dos resultados obtidos em comparação com os dados iniciais do problema e no constante direcionamento para o pensamento independente. Esses hábitos são indispensáveis em qualquer área do conhecimento e permitem a formação de profissionais criativos e autoconfiantes – e a matemática é um campo ideal para o seu exercício.

O Brasil tem condições de mudar o quadro lastimável em que se encontra o ensino da matemática. Com satisfação, notamos um movimento importante de nossos professores em busca de aperfeiçoamento. Muitos estão conscientes dos problemas de sua formação e dos reflexos que ela tem dentro da sala de aula. Há uma enorme massa de professores que querem ser treinados em conteúdo. O desafio é atingir o maior número de professores no menor espaço de tempo.

Não é verdade que nossas crianças odeiam matemática, conforme prova a participação voluntária de 150 mil jovens e crianças nas Olimpíadas Brasileiras de Matemática de 2002. Muitos mais eles poderiam ser, se os recursos fossem mais abundantes, como é o caso da Argentina, onde 1 milhão participam das Olimpíadas Argentinas de Matemática.

Iniciativas bem-sucedidas existem e apontam caminhos a seguir. Esse é o caso do fantástico programa de matemática coordenado pelo professor Valdenberg Araújo da Silva no interior de Sergipe, que tem levado crianças oriundas de famílias de baixíssima renda a conquistas importantes, como aprovação no vestibular, participação nas olimpíadas e até mesmo início do mestrado em matemática de jovens entre 15 e 17 anos.

Se medidas urgentes não forem tomadas, a situação tenderá a se agravar: há décadas estamos construindo uma sociedade de indivíduos que, ignorando o que é matemática, se mostram incapazes de cobrar das escolas o seu ensino correto ou mesmo apenas constatar as deficiências mais elementares nesse ensino.

Fonte: Druck, 2013.

Polêmica: Os problemas da educação matemática

Romulo Lins

No último **Sinapse**, foi publicado o artigo "O drama do ensino da matemática", de Suely Druck. Neste artigo, contesto a posição defendida por Druck.

Dizer, como Druck o fez, que "nos últimos 30 anos, implementou-se no Brasil uma política de supervalorização de métodos pedagógicos em detrimento do conteúdo matemático na formação de professores" é um erro sério e que só pode ter origem no desconhecimento de certos fatos importantes.

Primeiro, o modelo de licenciatura que adotamos hoje, o 3+1 (três anos de cursos de conteúdo matemático contra um ano de cursos de conteúdo pedagógico), é praticamente o mesmo que tínhamos na década de 60, e não é nada sensato dizer que esse modelo favoreça alguma "supervalorização de métodos pedagógicos em detrimento do conteúdo matemático na formação de professores"[*].

Segundo, o que aconteceu nos últimos 30 anos não foi um modismo didaticista ou pedagogista, e sim uma profunda mudança no entendimento que se tem dos processos do pensamento humano, incluindo-se aí o desenvolvimento intelectual e os processos de aprendizagem. Foi a partir disso que se deu um gradual desgaste do modelo "conteúdo matemático bem sabido mais boa didática". Mas esse processo não aconteceu "em detrimento do conteúdo matemático", e sim na direção de uma reconceitualização das práticas de sala de aula e, consequentemente, da formação de professores e professoras.

---

* As diretrizes de 2002 vieram para romper com o modelo 3+1. Essas diretrizes fizeram com que os cursos fossem (re)estruturados de forma que as disciplinas voltadas para o ensino da matemática passassem a figurar nas matrizes já nos primeiros períodos dos cursos de licenciatura.

Na esteira dessa reconceitualização, surgiu o campo de estudo a que chamamos educação matemática, ou seja, educação por meio da matemática, e não apenas educação para a matemática.

No 3+1, os três anos de conteúdo matemático foram e são quase sempre apresentados isolados das outras partes da formação, com base justamente no pressuposto equivocado de que "o conhecimento do conteúdo a ser ensinado precede qualquer discussão a respeito da metodologia de ensino", pressuposto defendido por Druck. Hoje, sabe-se que é precisamente nessa separação entre matemática e pedagogia que está a raiz de muitas das dificuldades de professores e professoras.

Druck diz, em seu artigo, que "abordar a questão do ensino da matemática somente do ponto de vista pedagógico é um erro grave". Mas quem é que defende isso? Eu não conheço ninguém que o faça. O que eu conheço, sim, são pessoas que afirmam que a questão do ensino da matemática pode ser abordada apenas do ponto vista da matemática. A impressão que o artigo de Druck deixa, com as pequenas concessões à "pedagogia" soterradas por um feroz – e mal informado – ataque a uma suposta ditadura dos métodos pedagógicos, me faz pensar se ela mesma, afinal de contas, não acha isso.

O desafio para a comunidade da educação matemática é o de oferecer uma formação integrada e de acordo com as necessidades reais desses profissionais. E há, no Brasil e no exterior, uma grande comunidade trabalhando para criar licenciaturas a partir da ideia de integração: nas disciplinas "matemáticas", está presente a formação "pedagógica" e, nas disciplinas "pedagógicas", está presente a formação "matemática". É assim que acontece na escola – matemática e pedagogia não estão nunca separadas –, e é por isso que é assim que a formação de professores e professoras deve se dar; "pedagógico", aqui, deve ser entendido como bem mais do que "formas de transmitir bem o conteúdo", diferentemente do que parece sugerir o artigo de Druck no uso do termo.

Nosso próprio trabalho de pesquisa na Unesp-Rio Claro se dirige, desde 1999, a responder esse desafio. Outro exemplo é o de um workshop realizado nos Estados Unidos, cujo relatório foi publicado em 2001 com o título "Conhecendo e Aprendendo Matemática para Ensinar". Há muitos outros exemplos.

O que se precisa enfrentar, primordialmente, não são "as deficiências de conteúdo dos que lecionam matemática", como escreveu Druck, e sim o fato de que nosso sistema educacional está aprisionado em um limbo cercado, de um lado, por uma demanda social pela formação de uma sociedade de cidadãos críticos e, de outro, por um sistema escolar que, de alto a baixo, parece se pautar por uma ideia de excelência que não se dirige ao conjunto da população e que se sente realizada apenas na "participação nas olimpíadas" e "no início do mestrado em matemática de jovens entre 15 e 17 anos". Os filhos das elites não sofrem de analfabetismo numérico. Seria apenas coincidência que são 6% os alunos com "nível desejado" no Saeb (Sistema de Avaliação do Ensino Brasileiro), enquanto 10% dos brasileiros e brasileiras controlam 90% das riquezas?

Em vez de nos perguntarmos o que de matemática o professor precisa saber, devemos nos perguntar, antes, a matemática de quem o professor precisa saber. Esse deve ser o ponto de partida na discussão sobre as deficiências de conteúdo de professores e professoras, e essa questão só pode ser tratada adequadamente de uma perspectiva mais ampla que a da "matemática mais uma boa didática".

O verdadeiro drama da educação de professores e professoras de matemática começa na manutenção da mentalidade do 3+1 e da formação desarticulada que ele oferece, e vejo no artigo de Druck uma clara defesa desse modelo. Onde ela vê uma supervalorização de métodos pedagógicos, outros veem uma supervalorização do conteúdo matemático. Eu não vejo nem uma coisa nem outra: vejo professores e professoras sem condições de trabalho adequadas e isolados, sem apoio efetivo para que possam continuar seu desenvolvimento profissional de forma contínua e em resposta a suas próprias perguntas.

Penso que são esses os dois verdadeiros problemas que devemos resolver.

Fonte: Lins, 2003.

Uma série de questões poderiam ser levantadas sobre as concepções dos professores Suely e Romulo, entre as quais:

1. O que seriam boas universidades?
2. O que seriam bons cursos de licenciatura em Matemática?
3. Em que medida o professor deve ter "um bom domínio do conteúdo", conforme disse Suely (Druck, 2013), da Matemática?
4. Em que medida o aluno precisa ser "bem treinado" em matemática?

Sem dúvida alguma, causa-nos desconforto imaginar que o ensino da Matemática pode ser pensado e conduzido por diferentes práticas docentes, e que diferentes respostas podem ser dadas às perguntas propostas, ainda mais pensando que temos duas sociedades, a Sociedade Brasileira de Matemática (SBM) e a Sociedade Brasileira de Educação Matemática (Sbem) que, em vários aspectos, divergem em suas posições sobre o ensino da matéria.

A perspectiva do ensino da Matemática preconizada pela SBM é fundada nos moldes de professores de Matemática de grandes universidades federais brasileiras – Universidade Federal de Alagoas (Ufal), Universidade Federal do Rio de Janeiro (UFRJ), Universidade Federal do Triângulo Mineiro (UFTM), entre outras – e do Instituto Nacional de Matemática Pura e Aplicada (Impa), com sede no Rio de Janeiro.

A própria SBM anuncia em sua página da internet a sua finalidade em relação ao modelo de ensino da Matemática – encontrado desde a sua fundação, no VII Colóquio Brasileiro de Matemática, realizado em Poços de Caldas, Minas Gerais, de 6 a 26 de julho de 1969. A sociedade objetiva:

> congregar os matemáticos e professores de Matemática do Brasil, estimular a realização e divulgação de pesquisa **de alto nível em Matemática**, contribuir para a melhoria do ensino de Matemática em todos os níveis, estimular a disseminação de conhecimentos de Matemática na sociedade, incentivar e promover o intercâmbio entre os profissionais de Matemática do Brasil e do exterior, zelar pela liberdade de ensino e pesquisa, bem como pelos interesses científicos e profissionais dos matemáticos e professores de Matemática no país, contribuir para o constante aprimoramento de **altos padrões de trabalho e formação científica em Matemática** no Brasil e oferecer assessoria e colaboração, na área de Matemática, visando o desenvolvimento nacional. (SBM, 2016, grifo nosso)

O cerne da questão é que parece que o objetivo do ensino da Matemática nas escolas é formar estudantes aptos a participar de "pesquisas de alto nível" com "altos padrões em matemática". Um ponto de vista pretensioso que traz consigo a preocupação de manter um diferencial em relação a quem se destina o ensino da Matemática por competição e nivelamento.

Como exemplo disso, temos a perspectiva de participação em competições que envolvem a Matemática, como a Olimpíada Brasileira de Matemática (OBM) e as Olimpíadas Brasileiras das Escolas Públicas (Obmep) – a mais recente proposta de política pública do poder público –, ambas contando com recursos e incentivos federais e espaço publicitário em diferentes mídias.

Fato é que o Brasil foi 1º lugar na V Olimpíada de Matemática da Comunidade dos Países de Língua Portuguesa (CPLP) (realizada entre os dias 19 e 25 de julho de 2015, em Cabo Verde, na África), deixando Portugal em segundo lugar. Esse é um exemplo da competência matemática dos estudantes da educação básica que deve constar nas estatísticas e, em especial, nas campanhas midiáticas preconizadas, muitas vezes, por colégios particulares, escolas estaduais, universidades e institutos de educação que aderem a projetos semelhantes às Olimpíadas de Matemática.

No entanto, antes de pensarmos diferentes visões sobre a matemática, precisamos às vezes dar um passo para trás e considerar as correntes epistemológicas que desenvolveram, com base na fusão entre as disciplinas de Matemática Pura, Pedagogia e Psicologia, estudos sobre as práticas pedagógicas. Foi do encontro dessas três disciplinas que surgiu a **educação matemática**, que se preocupa, entre outras ações relacionadas ao ensino e à aprendizagem da Matemática, com a didática na Matemática e com a didática da Matemática.

Um dos objetivos da educação matemática é repensar as práticas pedagógicas, que se apresentam como desafios diários aos professores de Matemática nos contextos escolares da educação básica, bem como os seus fundamentos teórico-metodológicos, buscando dar novos significados aos processos de ensino e aprendizagem de matemática.

Nesse sentido, numa perspectiva histórica, como resultado dos principais eventos que repensaram a educação e, em especial, o ensino de matemática, foi concretizada a criação da Sociedade Brasileira de Educação Matemática (Sbem), durante o II Encontro Nacional de Educação Matemática (Enem), em 1988, na Universidade Estadual de Maringá (UEM). A constituição da Sbem se deu em função dos preceitos teórico-metodológicos apresentados e discutidos na 6ª Conferência Interamericana de Educação Matemática, realizada em Guadalajara, México, em 1985.

Os principais temas que surgiram nas mesas de discussão, nas palestras e nos cursos realizados nos eventos de educação matemática foram sistematizados em grupos de trabalho e grupos de estudos, que foram se modificando ao longo do tempo, mas mantiveram a estrutura original nos encontros nacionais de educação matemática. Eis os principais grupos de trabalho da educação matemática que ilustram a diversidade de estudos sobre o tema (Sbem, 2016):

[GT – Nº 01] Matemática na Educação Infantil e nos Anos Iniciais do Ensino Fundamental;

[GT – Nº 02] Educação Matemática nas séries finais do Ensino Fundamental;

[GT – Nº 03] Educação Matemática no Ensino Médio;

[GT – Nº 04] Educação Matemática no Ensino Superior;

[GT – Nº 05] História da Matemática e Cultura;

[GT – Nº 06] Educação Matemática: novas tecnologias e Educação a distância;

[GT – Nº 07] Formação de professores que ensinam Matemática;

[GT – Nº 08] Avaliação em Educação Matemática;

[GT – Nº 09] Processos cognitivos e linguísticos em Educação Matemática;

[GT – Nº 10] Modelagem Matemática;

[GT – Nº 11] Filosofia da Educação Matemática;

[GT – Nº 12] Ensino de Probabilidade e Estatística;

[GT – Nº13] Diferença, Inclusão e Educação Matemática;

[GT – Nº14] GT14 – Didática da Matemática.

[GT – Nº15] GT15 – História da Educação Matemática.

[...]

Ao longo do tempo, os grupos de trabalho, ao sistematizarem suas discussões nos anais de cada evento, acabaram influenciando os modos de fazer e ensinar Matemática nos diferentes níveis escolares e invariavelmente promoveram alterações na formação inicial e continuada dos professores. Essa influência é inerente à postura tendenciosa dos eventos relacionados à educação, nos quais, de certo modo, os discursos feitos nas mesas redondas e nas plenárias acabam modificando a ação didática do professor de Matemática.

São consideradas **tendências da educação matemática** (Unesp, 2016):

1. A Matemática nos anos iniciais do ensino fundamental;
2. Interdisciplinaridade e aprendizagem da Matemática em sala de aula;
3. Educação a distância *on-line*;

4. Análise de erros: o que podemos aprender com as respostas dos alunos;

5. Diálogo e aprendizagem na educação matemática;

6. Tendências internacionais na formação de professores de Matemática;

7. Lógica e linguagem cotidiana: verdade, coerência, comunicação, argumentação;

8. A formação matemática do professor: licenciatura e prática docente escolar;

9. Tecnologias da informação e comunicação;

10. Filosofia da educação matemática;

11. Etnomatemática e história da matemática: elo entre as tradições e a modernidade;

12. Didática da Matemática: uma análise da influência francesa;

13. Educação matemática de jovens e adultos;

14. Descobrindo a geometria fractal para a sala de aula;

15. Resolução de problemas, modelagem e investigações matemáticas na sala de aula;

16. Psicologia da educação matemática;

17. Pesquisa qualitativa na educação matemática;

18. História da matemática.

Para o nosso estudo, apresentamos e inter-relacionamos as seguintes tendências da educação matemática: resolução de problemas, modelagem e investigações matemáticas; tecnologias da informação e comunicação; e etnomatemática e história da matemática.

2.2 Resolução de problemas, modelagem e investigações matemáticas

Na educação matemática, as metodologias para ensinar o conteúdo da matéria pela resolução de problemas, pela modelagem matemática ou pelas investigações matemáticas estão definidas não mais como apenas tendências na área, e sim como frentes de pesquisas e ações em diversos eixos relacionados à didática e à formação de professores de Matemática.

2.2.1 Resolução de problemas

Na prática, o professor de Matemática pode aprofundar os estudos em resolução de problemas como recurso didático (não apenas como metodologia, conforme citamos anteriormente, e isso é desejável), pelo qual professores e alunos resolvem problemas de matemática, compreendendo as diferenças *a priori* entre o que é um problema de matemática e o que são exercícios de matemática, e relacionando o estilo do enunciado, seja ele curto, seja ele longo, com a expectativa do aluno ao responder ao problema.

Tendo em vista que o assunto aqui exposto refere-se à **didática na resolução de problemas**, buscamos articular as relações didáticas entre professor, aluno e conhecimento matemático sob a ótica de ensinar Matemática por meio da resolução de problemas (Onuchic; Allevato, 2004), com foco no aspecto heurístico da resolução dessa atividade (Medeiros Junior, 2007).

Devemos ressaltar que, ao lerem um problema de matemática, a receptividade dos alunos em relação a ele é uma manifestação natural e que definitivamente interfere na sua localização contextual e na consequente elaboração, pelos alunos, da estratégia para a sua resolução.

À **localização contextual** seguida da estratégia de resolução de um problema damos o nome de *procedimento heurístico* do aluno* (Medeiros Junior, 2007).

Mas o que é um *problema* de matemática? Problema é toda situação que se configura com enunciado (curto ou longo), do qual se faz necessária a interpretação e a contextualização para a sua resolução. Aqueles que não têm enunciados com várias linhas (texto) e são do tipo "resolva conforme o modelo", "demonstre", "prove", "calcule" e "verifique" são chamados de *exercícios*, e são úteis "apenas" para a manipulação e a memorização de algum conceito (Guerios; Ligeski, 2013).

No que se refere às relações didáticas, antes do estudo da resolução de problemas nas aulas de Matemática como metodologia de ensino, há de se observar a boa intenção (didática) do professor ao elaborar problemas e/ou exercícios com a intenção de que os alunos os resolvam da forma como foram apresentados ou se disponham a demonstrar na resolução deles um certo senso lógico e soluções adequadas.

Em linguagem corriqueira, a resolução de problemas de matemática se aproxima da solução de situações do cotidiano. Contudo, ao analisar o aspecto linguístico da resolução (aqui entendida como ato ou procedimento de resolver o problema), há uma questão pregressa; na filosofia, a resolução está relacionada à regressão (Abbagnano, 2007).

Ao resolver um problema de matemática, os alunos concebem que a solução do problema já é conhecida *a priori*, ou seja, o mestre já é possuidor da solução. Pois a intenção do mestre é promover, junto com os alunos, a regressão do problema proposto, buscando novas estratégias para chegar à solução anteriormente encontrada por ele.

Desse esquema filosófico, fica claro que a resolução de problemas (como metodologia de ensino) perde o potencial heurístico, pois o

---

* O termo *heurístico* vem do grego *heuritiko*, que significa "aquilo que serve para descobrir". O procedimento heurístico é também chamado *método da redescoberta, método interrogatório* ou *método socrático*.

professor oferece a sua solução como algo pronto e induz seus alunos a encontrá-la *ipsis litteris*.

A resolução de problemas na perspectiva da ação didática do professor é manifestada quando ele apresenta aos seus alunos enunciados (curtos ou longos) de problemas e exercícios evidenciando aquilo que necessita ser descoberto (heurística). Nesse momento, os alunos estabelecem a resolução (regressão) do problema e os procedimentos heurísticos (a descoberta é feita por si próprios) que utilizaram.

Para a prática docente, cabem vários questionamentos sobre a eficácia da resolução de problemas como estratégia de ensino e aprendizagem. Um aspecto a ser observado (sem medo de incorrermos em imediatismo) é o conhecimento que o professor deseja transmitir. O que ocorre, de fato, é que professor e aluno não se entendem quanto à forma do problema. Faltam **diálogo** e **interatividade**. A questão que se manifesta é: o que é problema para um é problema para o outro?

A heurística pode ser observada no momento em que é permitido ao aluno relatar (escrita ou oralmente) suas estratégias e procedimentos na descoberta das soluções dos problemas. Além de ser relatado oralmente, é desejável que, durante o processo, professor e aluno discutam os momentos da descoberta. Caso contrário, a simples observação da resolução do aluno pode ser insuficiente para qualificá-la como C (certa) ou E (errada) nas avaliações escolares.

Sobre a localização contextual dos problemas (o lugar que eles ocupam na prática escolar), percebemos que existem algumas situações comuns que acabam por se transformar em práticas na Matemática:

1. Os alunos desejam que, na resolução de um problema, haja a aplicação direta de um algoritmo. Existe uma crença de que um problema só é "de matemática" se for respondido com algum tipo de cálculo ou algoritmo estruturado. Um problema clássico que apela para o lugar que a matemática ocupa no imaginário dos alunos foi proposto por Chevallard e Joshua (1982, p. 159, tradução nossa): "Num navio há 26

carneiros e 10 cabras. Qual é a idade do capitão?"* Chevallard fez a análise dos resultados obtidos de acordo com as diferentes respostas dadas ao problema, coletando-as de 97 alunos de 7 e 8 anos de idade. Uma das revelações da pesquisa foi que 76 alunos, ou seja, quase 80% das crianças, calcularam a idade do capitão utilizando os números que estavam no enunciado.

2. Há uma crença de que é possível ler rapidamente o enunciado de um problema de matemática e buscar por palavras-chave que façam alguma relação com a pergunta apresentada (mesmo em enunciados longos). Dessa forma, a solução do problema seria algum tipo de conta com os números expostos no enunciado.

3. É dada atenção especial a palavras como *prestação, repartiu, juntou, perdeu,* entre outras, pois elas acabam servindo como "uma luz necessária" para "matar" a questão. Uma vez localizadas, essas palavras permitem aos alunos elaborar um plano de resolução simplista, que necessariamente tem algum tipo de operador matemático (soma, diferença, produto, razão).

4. Há uma inversão de papéis que gera maior aprofundamento na interpretação dos enunciados. Para os alunos, problemas com enunciados curtos são mais parecidos com os de matemática (Medeiros Junior, 2007). Problemas com enunciados longos exigem dos alunos a interpretação do texto, o que seria uma tarefa das aulas de língua portuguesa.

5. Quanto aos modos como tanto o professor quanto o aluno pensam e apresentam o problema, para cada um há uma forma de resolvê-lo; são diferentes opiniões com diferentes pontos de vista. Saviani (2002, p. 14) afirma: "A essência do problema é a necessidade. Assim, uma questão em si não caracteriza um problema, nem mesmo aquela cuja resposta é desconhecida, mas uma questão cuja resposta se desconhece e se necessita conhecer, eis aí um problema."

---

* Trata-se de um problema com resposta aberta. A ideia é esta: o problema parece ter solução, mas, na verdade, ela não existe.

Um caso recente ocorreu na resolução de uma questão do Exame Nacional do Ensino Médio (Enem), em 2014, como apresentamos a seguir.

Exercício resolvido

1. (MEC – 2014 – Enem) Uma pessoa precisa comprar creme dental. Ao entrar em um supermercado, encontra uma marca em promoção, conforme o quadro seguinte:

Creme dental	Promoção
Embalagem n° 1	Leve 3 pague 2
Embalagem n° 2	Leve 4 pague 3
Embalagem n° 3	Leve 5 pague 4
Embalagem n° 4	Leve 7 pague 5
Embalagem n° 5	Leve 10 pague 7

Pensando em economizar seu dinheiro, o consumidor resolve levar a embalagem de número:

a) 1

b) 2

c) 3

d) 4

e) 5

Resolução: A resposta é letra "a", porque 2/3 = 0,666...; assim, o desconto seria 0,333..., ou, ainda, algo em torno de 34% de desconto. Dentre as demais promoções, é a que leva a uma maior economia.

Mas eis que uma aluna responde: "Professor, eu acho que a correta seria a embalagem n° 5. Se bem que depende se a promoção vai continuar no supermercado; mas, se continuar, compensa mais comprar 10 cremes dentais e guardar."

> Fizemos o cálculo, 7/10 = 0,70. Assim, para esse caso, o desconto seria de 30%, muito próximo do resultado da alternativa "correta". Se refletirmos, é bastante razoável pensar que, se a promoção acabar, o valor do creme dental vai subir; assim, na vida real, compensaria comprar mais e aproveitar a promoção.

Grande parte das dificuldades encontradas pelos alunos na resolução de problemas matemáticos se deve ao fato de que eles têm dificuldades de entrar no jogo didático. Não compreendem tecnicamente a matemática (até porque, em certa medida, isso é de competência do professor), não sabem o que o professor espera deles (valoração cognitiva e afetiva) e não integram as supostas regras do jogo didático*. Além disso, os problemas de matemática não são próximos da realidade deles, do seu cotidiano. Tratar os problemas de matemática como problemas para matemáticos resolverem é um obstáculo epistemológico infligido aos alunos.

Bachelard (1996) publicou o livro *A formação do espírito científico: contribuição para uma psicanalise do conhecimento*, no qual aborda os "obstáculos epistemológicos". De acordo com ele, esses obstáculos devem ser superados pelos alunos para que estabeleçam e desenvolvam mentalmente diferentes estratégias de resolução.

Tais obstáculos estão presentes, por exemplo, quando o aluno se depara com um conceito já visto, mas que, em um momento ou situação nova, é apresentado de forma diferente. Por exemplo, no conjunto dos números naturais, a expressão n + 1 indica que o próximo número é maior do que o seu antecessor (se $n_1 = 1$, então: 1 + 1 = 2, 2 + 1 = 3, 3 + 1 = 4, ...); porém, no conjunto dos números racionais, representados pela razão $\frac{a}{b}, \frac{1}{n+1}$, configura-se um número menor que seu antecessor (se $n_1 = 1$,

---

* As regras do jogo didático são as ações (as normativas, as expectativas, as crenças, as penas, os meios, os resultados) previstos para cada um dos protagonistas de uma situação didática (estudante, professor, pais, sociedade etc.) e relativos aos compromissos firmados entre eles. O objetivo das regras é facilitar o entendimento das ações e reações dos parceiros em uma situação didática.

então: $\frac{1}{1+1}$, $\frac{1}{2+1}$, $\frac{1}{3+1}$, ...; cujos resultados são: 0,50; 0,33...; 0,25, ...) (Medeiros Junior, 2007).

Cabe ressaltar que em momento algum pretendemos atrair o leitor à metodologia da resolução de problemas, como se ela fosse o carro-chefe da atividade matemática e a panaceia da matemática escolar. Os exercícios de aplicação de algoritmos, em certa dose e de certo modo, são tão importantes quanto a resolução de problemas em diferentes contextos e com diferentes tipos de enunciados.

O que afirmamos que não é uma metodologia adequada é a excessiva aplicação de exercícios e técnicas vazias de compreensão e significado. Resolver algoritmos também é fazer matemática. No entanto, trabalhar apenas com exercícios algorítmicos (exercícios mecânicos e repetitivos de simples memorização) pode não ser o ideal para promover didaticamente a disciplina.

Explorar o potencial heurístico dos problemas consiste em olhar para as descobertas que os alunos fazem sozinhos, descobertas que parecem brotar no melhor sentido da célebre frase de Arquimedes – **Heureca!** (Descobri!). Muitas vezes, o potencial de descobertas que o aluno possui fica inócuo à presença do professor.

A atividade heurística na resolução de problemas de matemática é abordada por George Polya (1995) em sua obra *Arte de resolver problemas: um novo aspecto do método matemático*. A arte tratada por Polya em seus escritos é entendida como *meta-resolutiva*. A arte está muito mais ligada à técnica do *como fazer, do modo* com que o aluno se envolve com problemas de matemática.

Mas qual era a técnica adotada por Polya na resolução de problemas de matemática? Muito além da arte e da técnica, Polya tratava os problemas de matemática como um convite aos exercícios da **indução** e da **dedução** – chaves da atividade heurística.

Na introdução do livro *Matemática e raciocínio plausível*, Polya descreve:

No domínio científico, como na vida cotidiana, quando alguém se encontra diante de uma situação nova, começa fazendo uma hipótese. A primeira hipótese pode não se adaptar à realidade, mas é experimentada e, conforme o resultado obtido, é mais ou menos modificada. Após alguns ensaios e algumas modificações, ajudado pelas observações e levado pela analogia, pode ser que se chegue a uma hipótese mais satisfatória. [...] O resultado do trabalho criador do matemático é um raciocínio demonstrativo, uma experimentação, mas essa experimentação é descoberta mediante um raciocínio plausível, tentando adivinhar. Se é assim, e eu acho que é, deveria haver lugar no ensino da Matemática para a arte de adivinhar. (Polya, 1957, p. IX-X, tradução nossa)

Como proposta de experimentação e do ato de dar lugar para a arte de adivinhar, o professor pode anunciar didaticamente o problema de matemática de maneiras diferentes: por exemplo, pode dizer exatamente o que o aluno desejaria como resposta (responder e partir para outro problema análogo), deixando de lado o peso da mudança da ação didática, ou, ao contrário, não fornecer nenhum instrumento novo, dica ou guia para o aluno enfrentar a situação-problema, promovendo assim a necessidade da descoberta. O resultado:

1. Na primeira proposta, o professor vê-se diante de um contrassenso: ao fornecer os subsídios para a resolução do problema, ele retira do aluno as possibilidades necessárias à compreensão e à aprendizagem do conteúdo pretendido (o potencial heurístico).

2. Na segunda proposta, desafia o aluno a enfrentar a situação-problema com o ferramental básico da Matemática e usar o que ele aprendeu de matemática durante as aulas.

Professar o *como fazer* necessariamente traz implicações didáticas para o aluno no que tange a não ultrapassar os obstáculos epistemológicos decorrentes da sua trajetória de resolvedor de problemas, lançando mão de seu próprio conhecimento.

Contudo, na segunda proposta, o aluno vê-se numa situação de desafio: ao não receber prontamente as soluções, as estratégias para a resolução do problema, a relação didática é desequilibrada. Aperfeiçoa-se assim a dinâmica do processo ensino-aprendizagem. O aluno busca didaticamente uma solução, utilizando seus conhecimentos e também as relações possíveis de serem estabelecidas com problemas análogos.

Um dos objetivos da matemática é desenvolver o raciocínio, a lógica a abstração. Mas de que forma o professor pode cumprir tal objetivo? A resolução de problemas dá conta de desenvolver o raciocínio dos alunos? Reforçamos que existe a possibilidade de o professor de Matemática elaborar problemas que sejam potencialmente heurísticos para seus alunos e que, como consequência, estes desenvolvam o raciocínio analítico e por analogias; além disso, o professor pode aprimorar a capacidade de trabalhar a intuição e a dedução por meio da resolução de problemas.

Uma das práticas mais comuns nos bancos escolares são as listas de exercícios. Por isso, pesquisadores da educação matemática (Lester; D'Ambrosio, 1988; Kantowski, 1997) apontam a necessidade de se considerar a resolução de problemas um processo metodológico no qual o aluno se envolve na atividade de fazer matemática, processo semelhante ao do matemático durante a sua formação. Nesse sentido, Polya (1995, p. 23) destaca: "a primeira obrigação de um professor de Matemática é usar essa grande oportunidade de descobertas; ele deveria fazer o máximo possível para desenvolver a habilidade de resolver problemas em seus alunos".

Privar os alunos das demonstrações (formalismos) e explicações para os porquês dos axiomas matemáticos é problemático. Não situar os alunos didaticamente, fazendo uso de diferentes contextos (escolar e cotidiano) para a resolução de problemas matemáticos, poderá desencadear certa antipatia contra esse processo.

Junto com isso, não fazem sentido problemas ditos *contextualizados*, com típicos excessos de valorizar o contexto para a aplicação de problemas em situações necessariamente cotidianas, pois forçam contextos de baixo valor cognitivo e têm caráter reducionista. Por exemplo: qual é a relevância de um problema cujo enunciado é "Joãozinho foi à feira comprar tomate. O quilo do tomate custa R$ 6,00; se ele pedir meio quilo, vai custar quanto?" Esse tipo de contexto (feira livre) poderia ser substituído por qualquer outra situação cotidiana pois, se a questão é trabalhar o conceito de metade, que ele seja exposto matematicamente, sem precisar levá-lo à feira.

Concordamos com Polya, que valoriza a resolução de problemas como **a chave da heurística** (momento da descoberta). Podemos perceber tal valorização no momento em que analisamos o registro escrito com a explanação do aluno sobre como ele resolveu determinado problema. É na relação dialética que percebemos a importância da oralidade nos processos heurísticos. Afinal, ouvir como o aluno chegou a determinadas resoluções pode ajudar o professor a compreender o seu pensamento, ao mesmo tempo que permite ao aluno escutar a si mesmo e mudar de procedimento, levando-o a "se descobrir".

Como decorrência didática da relação dialética, o potencial heurístico ocorre de modo mais efetivo na conversa entre professor e aluno quando resolvem problemas juntos. É importante, portanto, investir didaticamente no diálogo, provocando os alunos com perguntas; essa é a atividade máxima da resolução de problemas na matemática.

2.2.2 Modelagem matemática

Existe, e é desejável que ocorra, a fusão entre a resolução de problemas e outras ações didáticas atuais para as aulas de Matemática do ensino médio. Em matemática aplicada, por exemplo, os modelos matemáticos são extremamente válidos para a resolução de problemas de toda ordem e em diferentes ciências.

Um exemplo clássico da resolução de um problema de Biologia, com estrita relação com a ecologia de populações, é o problema conhecido como *diagrama Lotka-Volterra*, que serve para descrever dinâmicas nos sistemas biológicos, especialmente quando duas espécies interagem, uma como presa e a outra como predadora. Na matemática, as equações de Lotka-Volterra são um par de equações diferenciais, não lineares e de primeira ordem; partindo delas, desenvolvem-se modelos mais básicos para predador-presa de duas espécies, chamados de subequações de

Lotka-Volterra*. Considera-se que a única fonte de alimento da espécie predadora é a população da presa e que não há competição alguma entre indivíduos da mesma espécie. Modelar essa situação com base na resolução de um problema da ecologia de populações é, metodologicamente, importante para que se tenha a aplicação da matemática em sistemas "não matemáticos", daí a ideia da criação de modelos simplificados da realidade.

Gráfico 2.1 – Predador e presa (diagrama de Lotka-Volterra)

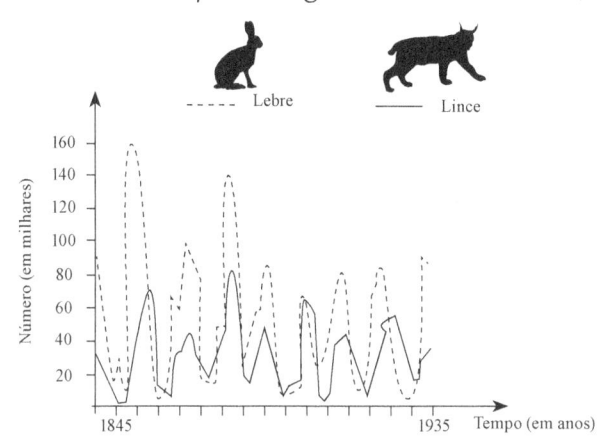

No caso do diagrama de Lotka-Volterra, percebemos que esse modelo não descreve de fato a relação completa da dinâmica populacional entre presa e predador na ecologia, pois não considera fatores externos, como condições climáticas, por exemplo. No entanto, compreender esse modelo simplificado facilita o entendimento de modelos mais complexos.

O termo *modelagem matemática,* entendido como processo para descrever, formular, modelar e resolver uma situação problema de alguma

---

* Essas equações foram propostas independentemente por dois autores. O matemático italiano Vito Volterra (1860-1940) desenvolveu, em 1925, o modelo de equações integrais aplicadas a dinâmicas de populações na Biologia. O biofísico Alfred J. Lotka (1880-1949), no mesmo ano de 1925, estudou a interação predador-caça e publicou um livro chamado *Elements of Physical Biology*, apresentando a mesma modelagem. Assim, o diagrama foi batizado com o nome dos dois estudiosos.

área do conhecimento, é do início do século XX, surgido na literatura de engenharia e ciências econômicas.

Nos Estados Unidos, no entanto, o professor de educação matemática, Henry Pollak, propôs o processo da modelagem sem fazer uso tradicional do termo *modeling*. Pollak escreveu no periódico *New Trends in Mathematics Teaching IV*, com base nos anais do 3º Congresso Internacional de Educação Matemática (Icme III), realizado em Karlsruhe, na Alemanha, em 1976, um capítulo – *The Interaction Between Mathematics and Other School Subjects* – no qual apresenta o cenário das aplicações matemáticas no ensino e detalha o processo de construção desses modelos.

Na década de 1960, experimentos sobre modelagem matemática e aplicações desta na educação matemática ocorreram com o movimento da matemática "utilitarista", que tinha por finalidade a apropriação de modos de ensinar apresentando algo que fosse útil e imediato, com situações de apelo ao cotidiano e o uso de aplicações compromissadas com a realidade. A questão-chave era aplicar a matemática favorecendo a habilidade de matematizar e modelar problemas e situações do cotidiano.

No continente europeu, os debates ao redor da matemática com caráter utilitarista foram encabeçados pelo professor Hans Freudenthal (1905-1990) que, na Holanda, em 1972, criou um novo cenário para debater a necessidade de conhecer e tratar os princípios da Educação Matemática Realística (EMR) (Freudenthal, 1972). Essa teoria se distingue de outras por sua abordagem contextualizada, que se baseia no universo do aluno e é conectada aos problemas da vida real e cotidiana dele.

Nesse sentido, a EMR vai muito além do caráter utilitarista aplicado em matemática. Sugere provocar nos alunos a intuição e a criatividade como maneiras de ler matematicamente o mundo que os cerca, levando-os a atingir níveis gradativos e cada vez mais complexos de raciocínio e pensamento matemático.

A modelagem matemática no Brasil tem como referência: Aristides C. Barreto, Ubiratan D' Ambrosio, Rodney C. Bassanezi, João Frederico Mayer, Marineuza Gazzetta, Dionísio Burak e Eduardo Sebastiani, que estudam e trabalham a modelagem matemática desde a década de 1980, conquistando adeptos dessa metodologia de ensino por todo o Brasil.

Para o professor Dionísio Burak, a "Modelagem Matemática constitui-se em um conjunto de procedimentos cujo objetivo é estabelecer um paralelo para tentar explicar, matematicamente, os fenômenos presentes no cotidiano do ser humano, ajudando-o a fazer predições e a tomar decisões." (Burak, 2004, p. 62).

Para consolidar os debates acerca da educação matemática e da modelagem, acontece, de 2 em 2 anos (desde 1999) a Conferência Nacional sobre Modelagem na Educação Matemática (Cnmen), e foram incluídas aulas de modelagem nas grades curriculares das licenciaturas em Matemática no Brasil.

2.2.3 Investigações matemáticas

Como exemplo de como podemos relacionar a resolução de problemas à modelagem matemática, propomos uma atividade com a seguinte situação cotidiana: a escolha de um plano de telefonia celular. Eis os elementos que devemos considerar:

a. **Tema gerador**: O uso da telefonia celular (Postal, 2009).

b. **Objetivo**: analisar as vantagens e desvantagens de optar por determinado plano de telefonia celular.

Parece claro que o valor gasto em telefonia celular por alunos do ensino médio é tema recorrente e de interesse geral; assim, a esse tema de interesse dos alunos chamaremos "tema gerador" do projeto de modelagem matemática.

Um projeto de modelagem alinhado com um tema gerador é identificado por Barbosa (2001) como sendo aquele em que a escolha do tema, a simplificação, a coleta de informações e a resolução da problematização levantada podem ser feitas de modo cooperativo e mútuo, entre professores e alunos.

Cada tema gerador pode portar um novo subtema relacionado à atividade matemática, a qual, por sua vez está relacionada a uma situação real e cotidiana. O tema gerador permite que qualquer que seja a natureza da sua compreensão, tanto quanto a ação por ela provocada, tenha em si a possibilidade de se desdobrar em outros tantos temas que, por sua vez, provocarão novas tarefas e relações entre a matemática e o cotidiano.

Cabe destacar que as atividades de modelagem matemática visando à aprendizagem significativa (Pelizzari et al., 1982) de funções afins* fazem uso do computador como ferramenta de ensino.

Quanto à proposta "preço da telefonia móvel" como tema gerador (Postal, 2009), e com base na tabela abaixo, que apresenta o preço mensal dos planos de telefonia móvel de três operadoras distintas, foram apresentados aos estudantes os seguintes problemas:

Tabela 3.1 – Três planos diferentes de telefonia móvel

Plano	Custo fixo mensal	Custo adicional por minuto
A	R$ 35,00	R$ 0,50
B	R$ 20,00	R$ 0,80
C	0	R$ 1,20

Fonte: Postal, 2009.

1. Em que condições é possível afirmar que um dos planos (A, B ou C) é mais econômico do que os outros ou que os três planos são equivalentes?

2. Se o cliente utilizar 25 minutos adicionais em cada um dos planos apresentados, quais os preços a pagar, ao fim das ligações, nos planos A, B e C?

---

* Uma função é *afim* quando surge de equações do primeiro grau com duas incógnitas, definido pela lei de formação y = ax + b. Toda função afim pode ser representada por uma reta que, traçada num plano cartesiano, dá origem a um gráfico onde o valor de "b" é o ponto que cruza o eixo das ordenadas (y), com coordenada (0, b).

Em termos pedagógicos, os enunciados dos problemas apresentados remetem intuitivamente à noção de função. Devemos observar duas possibilidades de explorar a modelagem como recurso de aprendizagem: pela via da analogia entre a interpretação gráfica dos diferentes planos de telefonia móvel e a decisão por qual plano escolher em função do quanto pagar. A escolha será obviamente pelo plano mais econômico.

Dentro do valor fixo mensal, há um limite de minutos disponível para cada plano de telefonia móvel (no nosso exemplo, o limite de minutos disponível em cada plano não é relevante, pois estamos calculando o custo de minutos adicionais. O Plano C, por exemplo, por ter custo zero, não possui um limite). Se excedermos esse limite, pagamos um custo adicional que varia para cada plano escolhido.

Vamos representar cada plano de telefonia móvel como sendo uma lei geral de formação, uma relação entre custo fixo e variável e a representação desses elementos no plano cartesiano:

A) Plano A, custo fixo de R$ 35,00 e variável de R$ 0,50

Função $f(x) = 0,5 \cdot x + 35$

B) Plano B, custo fixo de R$ 20,00 e variável de R$ 0,80

Função $f(x) = 0,8 \cdot x + 20$

C) Plano C, sem custo fixo e variável de R$ 1,20

Função $f(x) = 1,2 \cdot x$

Ao plotarmos (aportuguesamento do verbo inglês *to plot*, "fazer um gráfico, mapa ou planta de, [...]" [Houaiss; Villar, 2012]) os elementos no gráfico, podemos comparar analiticamente cada plano de telefonia móvel*.

---

* Há vários softwares de plotagem com os quais você pode analisar graficamente os dados de um problema. A autora Rosane Fátima Postal (2009) utiliza em sua dissertação o *software* Graphmatica, criado por Keith Hertzer, nos Estados Unidos, e disponível em <http://www.graphmatica.com/>. Acesso em: 6 jun. 2016.

Gráfico 2.2 – Plano A, y = 0,5x + 35, reta que corta o eixo "y" na coordenada (0, 35)

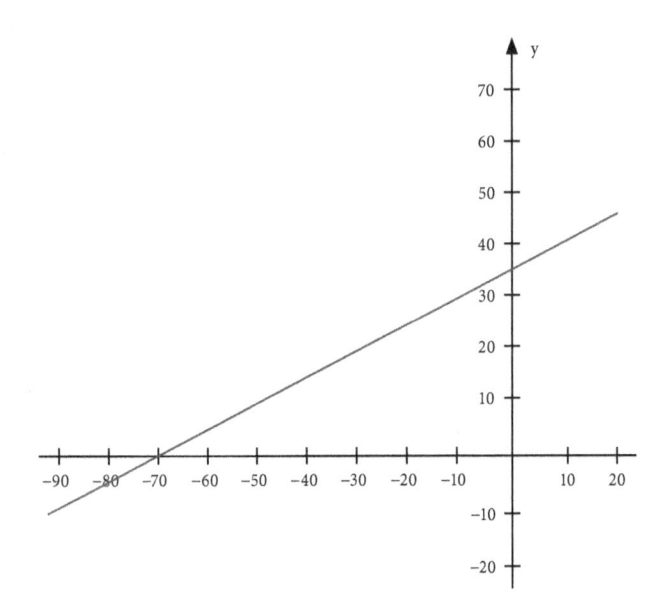

Gráfico 2.3 – Plano B, y = 0,8x + 20, reta que corta o eixo "y" na coordenada (0, 20)

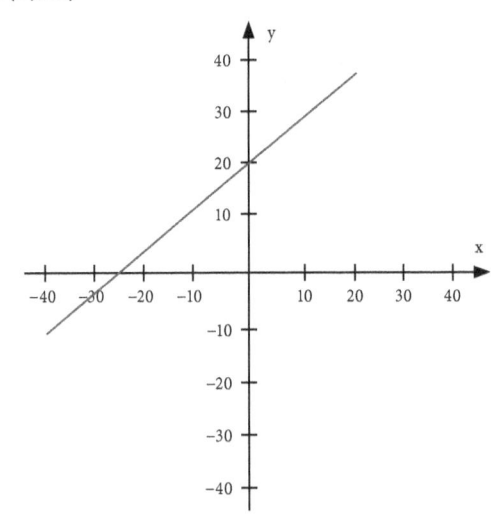

Gráfico 2.4 – Plano C, y = 1,2x reta que passa na origem do plano cartesiano coordenada (0, 0)

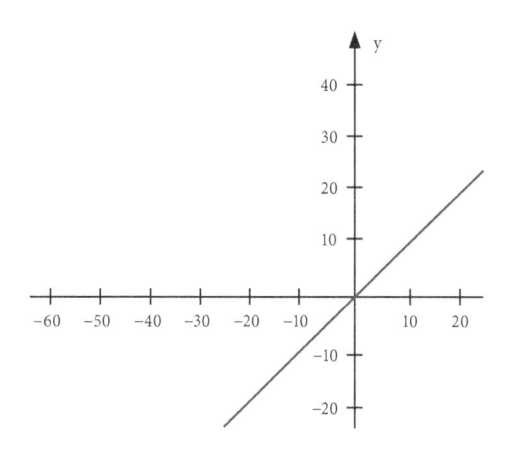

Gráfico 2.5 – Todos os planos

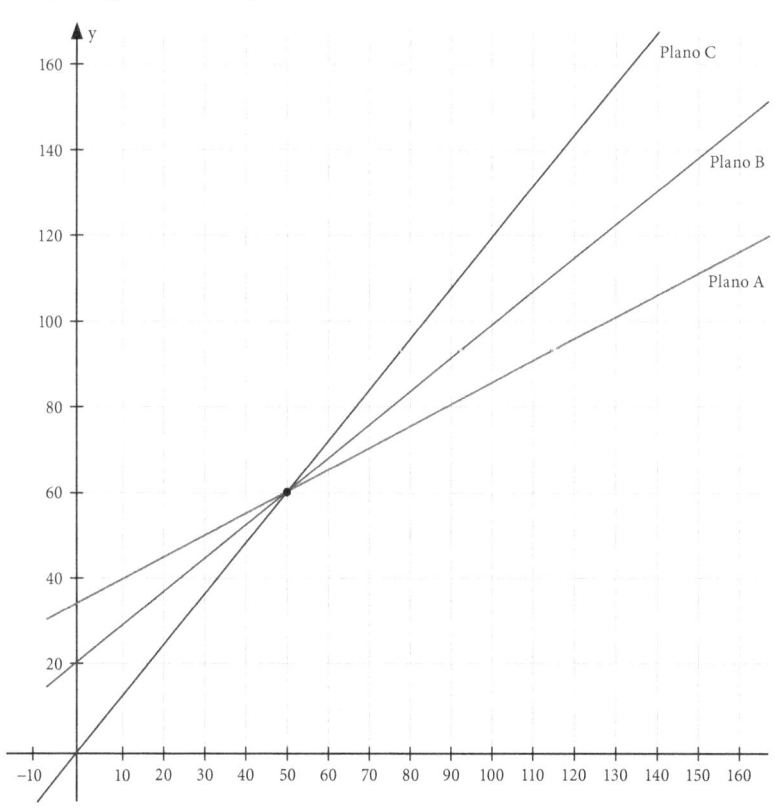

O ponto de coordenadas (50, 60) é a interseção das retas relativas às funções dos planos A, B e C. Em termos dos planos de telefonia móvel apresentados na Tabela 2.1, ao falar 50 minutos, os três planos são equivalentes, tendo como valor final R$ 60,00.

Note que as retas têm inclinações diferentes. Consideramos o plano A com a reta de interseção na coordenada (0, 35) e com a menor inclinação; seguida da reta relativa ao plano B, com interseção na coordenada (0, 20); e a reta com a maior inclinação no plano C, que passa pela origem do sistema cartesiano.

Para efeito de comparação entre os planos em função do enunciado do problema – em que condições é possível afirmar que um dos planos (A, B ou C) é mais econômico do que os outros ou que os três planos são equivalentes? – apresentamos as tabelas seguintes com os valores possíveis de cada plano.

Plano A, $f(x) = 0{,}5 \cdot x + 35$

x	y
1	35,5
10	40
25	47,5
51	60,5
100	85

Plano B, $f(x) = 0{,}8 \cdot x + 20$

x	y
1	20,8
10	28
25	40
51	60,8
100	100

Plano C, f(x) = 1,2 · x

x	y
1	1,2
10	12
25	30
51	61,2
100	120

Com efeito, se o cliente utilizar 25 minutos adicionais, o preço que vai pagar ao fim das ligações no plano A será de R$ 47,50; no plano B, R$ 40,00; no plano C, R$ 30,00. Ou seja, modifica-se o sentido da projeção dos valores a serem pagos em função do tempo utilizado. Para tempos menores do que 49 minutos adicionais, o plano C é o mais vantajoso.

Importante!

As funções são importantes na matemática por serem definidas por relações algébricas, que, na perspectiva cartesiana (gráfica), são pares ordenados (relações matemáticas especiais entre dois elementos), ou seja, a correspondência ponto a ponto entre os eixos das abscissas (x) e das ordenadas (y) no plano cartesiano.

Uma função f de A em B é uma relação entre dois conjuntos A e B. Para que a relação seja função, cada variável "x" tem apenas uma correspondente em A, da mesma forma que cada variável "y" tem apenas uma correspondente em B. Quanto a este assunto, destacamos o trabalho de Leonhard Euler (1707-1783), matemático suíço que desenvolveu trabalhos em quase todos os ramos da matemática, e concebeu a ideia de função. Foi o responsável também pela adoção do símbolo f(x) = y para representar uma função de "x" em "y".

De imediato, as funções matemáticas denotam generalidade; o conceito de uma função é uma generalização da noção comum de fórmula matemática. Intuitivamente, uma função é uma maneira de associar a cada valor do argumento x (por vezes denominado *variável independente*) um único valor da função f(x) (também conhecido como variável dependente). Isso pode ser feito por meio de uma equação, uma relação gráfica ou uma tabela de correspondência. Cada par ordenado (x, y) de elementos relacionados pela função determina um ponto na representação gráfica.

2.3 O USO DE TECNOLOGIAS DA INFORMAÇÃO E COMUNICAÇÃO NA EDUCAÇÃO MATEMÁTICA

Levando em conta que, na matemática, o ensino está centrado na tendência formalista clássica – para o professor Dario Fiorentini, o ensino da matemática é "livresco e centrado no professor e no seu papel de transmissor e expositor do conteúdo através de preleções ou de desenvolvimentos teóricos na lousa" (Fiorentini, 1995a, p. 7) –, procuramos entender se o uso massivo de tecnologias da informação e comunicação auxilia o professor na tarefa de ensinar matemática no ensino médio.

Além da naturalidade no uso de recursos tecnológicos aplicados à educação, os Parâmetros Curriculares Nacionais (PCN) já anunciavam o caos em meio à panaceia*:

> O computador tem feito uma trajetória na vida brasileira semelhante à da televisão, ou seja, muitas famílias optam por ter um microcomputador em casa, em lugar de outros bens, que, teoricamente, seriam mais necessários. Saber operar basicamente um microcomputador é condição de empregabilidade. (Brasil, 2000, p. 60)

---

* Segundo Houaiss e Villar (2012): "planta, beberagem, simpatia, ou qualquer coisa que se acredite possa remediar vários ou todos os males".

Recrutar professores para que sejam fieis e incansáveis pesquisadores em tecnologias educacionais é uma falácia. O computador, as tecnologias educacionais, os *softwares* de geometria dinâmica, os jogos computacionais aplicados à educação não são motivo para a manutenção da empregabilidade docente.

Por outro lado, é claro que existe um jogo de duas faces aqui: uma boa e outra ruim. Instintivamente, percebemos a importância do uso da informática e da internet para interligar as pessoas em todo o mundo, e isso é muito bom. Com a popularização do uso da tecnologia na vida cotidiana, existem aqueles que a rechaçam (tecnófobos) e aqueles que a amam (tecnófilos). O ponto-chave para o nosso estudo é organizar as questões relativas à prática escolar, à didática do professor e ao inevitável **fator temporal**: afinal, alunos e professores não são da mesma geração e, portanto, não são da mesma "família de processadores".

Para o sociólogo Jean Baudrillard (1992), ao entregar a construção de um conhecimento humano a uma máquina, o homem está abrindo mão de si mesmo ou não acredita mais em si:

> Se os homens criam ou fantasmam [sic] máquinas inteligentes é porque, no íntimo, descreem da própria inteligência ou porque sucumbem ao peso da uma inteligência monstruosa e inútil, então eles a exorcizam em máquinas para poder jogar e rir com elas. Confiar essa inteligência a máquinas libera-nos de toda a pretensão ao saber, como confiar o poder a homens políticos nos dá a possibilidade de rir de qualquer pretensão ao poder. (Baudrillard, 1992, p. 59)

Por outro lado, filosófico e intimamente favorável à introjeção da tecnologia no contexto social, Pierre Lévy (1999) aponta para a ascensão de um novo espaço sociológico no qual é possível abordar socialmente o acesso à informação. Os sujeitos desse espaço do saber (ciberespaço) formam a inteligência coletiva (cibercultura).

Lévy afirma que no mundo da aprendizagem por conectividade temos a obrigação de enriquecer nossa coleção de competências ao longo da vida. Ou seja, a divisão habitual entre um tempo de estudo e preparo (aplicação em tempo real) e outro de trabalho (utilização prática) está ultrapassada. Para tal, o autor cunhou a expressão *inteligência coletiva*, que é a capacidade de trocar ideias, compartilhar informações e interesses comuns estabelecidos socialmente, criando comunidades e estimulando conexões, o que se estenderia à avalanche de redes sociais existentes hoje.

Há no ensino da Matemática a função de mediação dos processos de ensino e aprendizagem, que leva a uma série de intervenções práticas com a função de enriquecer componentes cognitivos e construir o hábito de um pensamento eficiente.

Cláudio e Cunha (2001) defendem que o professor precisa definir metodologicamente qual postura adotará no uso das tecnologias aplicadas à educação:

> Didaticamente, o professor pode optar entre dois perfis diante do uso do computador no ensino: usá-lo como máquina transmissora dos conhecimentos para o aluno, ou como um auxiliar na construção desses conhecimentos pelo aluno. Optando pelo primeiro perfil, ao professor cabe apenas o papel de colocar na máquina as informações que o aluno precisa saber e utilizar o computador na forma de tutorial, ou seja, como um "virador de páginas eletrônico". (Claudio; Cunha, 2001, p. 174).

Na mesma linha de discussão sobre o papel do professor quanto ao uso das tecnologias de informação e comunicação, os Parâmetros Curriculares Nacionais apontam as competências e habilidades desejáveis a serem desenvolvidas, pelos professores, em informática. No ensino médio, recorte deste livro, existem pontos que podem ser acrescidos à prática escolar:

- Reconhecer o papel da Informática na organização da vida sociocultural e na compreensão da realidade, relacionando o manuseio do computador a casos reais, ligados ao cotidiano do estudante, seja no mundo do trabalho, no mundo da educação ou na vida privada.
- Construir, mediante experiências práticas, protótipos de sistemas automatizados em diferentes áreas, ligadas à realidade do estudante, utilizando-se, para isso, de conhecimentos interdisciplinares.

- Reconhecer a Informática como ferramenta para novas estratégias de aprendizagem, capaz de contribuir de forma significativa para o processo de construção do conhecimento, nas diversas áreas. [...]
- Dominar as funções básicas dos principais produtos de automação da microinformática, tais como sistemas operacionais, interfaces gráficas, editores de textos, planilhas de cálculos e aplicativos de apresentação. [...]
- Dominar conceitos computacionais, que facilitam a incorporação de ferramentas específicas nas atividades profissionais. (Brasil, 2000, p. 62)

Conforme estudos feitos pelo Núcleo de Informática Aplicada à Educação (Nied) e organizados pelo professor José Armando Valente, da Universidade Estadual de Campinas (Unicamp) (Valente, 1999), a razão desses apontamentos no ensino médio reside no fato de que novas gerações de alunos estão à frente de seus professores. Afinal, dado o fator temporal, são diferentes gerações ocupando os mesmos espaços escolares. Esse descompasso entre capacidade inata e prática docente causa conflitos e descontentamento em relação à função da escola na aplicação das tecnologias já existentes e das novas, que surgem com frequência, e no aproveitamento delas.

Autores que pensam e discutem o papel do professor na tecnologia (Lévy, 1999; García-Vera, 2000; Brito; Purificação, 2008) afirmam que aspectos econômicos, políticos e sociais contribuem para que seja estabelecido um verdadeiro *frisson* nas escolas pela aquisição de tecnologias, seguindo modismos e influências do mercado, sem a compreensão do que estão adquirindo e se aquilo é realmente necessário.

A participação do professor na escolha das tecnologias que deveriam ser adquiridas para as aulas de Matemática parece não existir, muito menos um profissional que tenha a formação adequada para usá-las nas suas aulas. Citado recorrentemente na área de educação, José Manuel Moran (2007, p. 90) sustenta que "as tecnologias são meio, apoio, mas, com o avanço das redes, da comunicação em tempo real e dos portais de pesquisa, transformam-se em instrumentos fundamentais para a mudança na educação."

Em educação, os modais de ensino por etapas e seriado causam certo desdém nos educadores construtivistas, pois, em tese, ensinar de modo linear traz menos benefícios do que um currículo em rede (Pires, 2000), especialmente quando este integra em si as novas tecnologias. Na contramão, parece que, para a formação dos professores que estarão à frente de classes que têm alunos que se integram e interagem em rede, prima-se por diminuir a capacidade cognitiva docente, elaborando projetos de formação pedagógica em tecnologias por etapas.

O que Moran assinala é que o domínio técnico-pedagógico requer capacitação técnica (função do fabricante que detém o código) e capacitação pedagógica (função daqueles que pensam e discutem o uso da tecnologia na educação), sendo que ambas devem ser continuadas, adequadas à escola e ao professor.

A tese defendida é a de que a escola, os professores e os alunos têm de alinhar um projeto de reflexão e ação, utilizando tecnologias e hipermídias casadas com a visão globalizada do mundo contemporâneo e transferindo as diversas experiências do mundo real para o virtual, o que permitirá a reelaboração e a reconstrução do processo de ensino-aprendizagem.

2.4 Etnomatemática e história da matemática

Desde o fim do século XIX, na perspectiva antropológica do etnógrafo e geneticista Alfred Sturtevant (1891-1970), utilizava-se o termo *etnociência* nos ensaios de sociologia e de filosofia. Mais tarde, o filho de Alfred Sturtevant, William Curtis Sturtevant (1926-2007), pesquisou a cultura dos índios nativos americanos, mesclando estudos de genética e de antropologia. Arriscamos dizer que ambos, pai e filho, conceberam os aportes teóricos que hoje são utilizados na etnolinguística, etnobotânica, etnozoologia, etnoastronomia, entre outras etnociências, com concepções originais sobre a noção de cultura e de sociedade, bem diferentes da que, atualmente, define a etnomatemática na perspectiva do trabalho escolar, com a valorização das diferentes culturas e valores sociais na matemática.

Por *etnociência*, entendemos uma área distinta do conhecimento que tem caráter multi, inter e transdisciplinar de origem histórica, e valoriza os conhecimentos das práticas produzidas por um grupo étnico, transmitindo-os por multimeios não convencionais. Ela também pode ser estendida a definições outras que se complementam, como: etnografia de conhecimentos culturais, ciência dos conhecimentos culturais, movimento pedagógico multicultural e pluriétnico.

Por aproximação direta, a etnociência admite uma nova historiografia dos saberes e das práticas científicas: a etnohistória. De pronto, a etnohistória significa a história cultural dos povos não europeus, ou seja, abre espaço para os debates sobre a ciência não europeia, diferentemente do eurocentrismo científico.

O prefixo *etno-* é de origem grega, *éthnos*, que em sua forma antiga era apresentado como *éthos*. *Éthnos* guarda relação com a identidade de origem, sendo essa a identidade de crenças, valores, símbolos, mitos, ritos, códigos e práticas sociais de um povo. Partindo dessa identidade, define-se raça, povo, nação, cultura, classe social, associação, conexão política e *status* social.

Cada grupo social (etnia) constrói a sua visão de ciência de acordo com as suas leituras do mundo. Na construção do conhecimento, cada uma dessas leituras é feita de forma diferente, o que caracteriza a diversidade cultural e pressupõe que nenhuma ciência é superior ou inferior a outra, mesmo que uma seja massificada e a outra, não.

Depois que o Movimento da Matemática Moderna (MMM) deixou um legado de lacunas e histórias mal resolvidas no Brasil, apareceram, entre os educadores matemáticos, várias correntes educacionais que buscavam mudanças no currículo comum, posicionando-se contra a matemática de uma só visão, como um conhecimento universal e caracterizado por divulgar verdades absolutas.

Pesquisadora oriunda do movimento do grupo de não aceitação das diretrizes do MMM, a professora Terezinha Nunes (Carraher, 1995) alertou que a não valorização do conhecimento que o aluno traz para a sala de aula, proveniente das suas brincadeiras, experiências e do seu entorno social (por exemplo, os vendedores de rua – e as relações necessárias para aplicar o sistema monetário para dar e receber dinheiro – os pedreiros, os artesões, os pescadores, entre outros, que, em suas práticas, respondem às inquietações dos pesquisadores em relação à matemática aprendida fora da escola), tem forte influência no tempo de permanência do aluno na escola formal.

De acordo com o professor Eduardo Sebastiani Ferreira (2004), foram estudados e disseminados vários termos que impeliam a vontade de tratar a matemática com fins sociais para além do conteúdo estudado na escola, estritamente centrada nos costumes ocidentais:

> Cláudia Zaslavski, em 1973, chamou de Sociomatemática, as aplicações da matemática na vida dos povos africanos e, inversamente, a influência que instituições africanas exerciam e ainda exercem sobre a evolução da Matemática, sendo esta a abordagem mais significativa de seu trabalho.
> D'Ambrosio, em 1982, denominou de Matemática Espontânea, os métodos matemáticos desenvolvidos por povos na sua luta de sobrevivência.
> Pasner, também em 1982, designa de Matemática Informal aquela que se transmite e se aprende fora do sistema de educação formal, isto levando em conta, também, o processo cognitivo.
> Paulus Gerdes, ainda em 1982, chamou de Matemática Oprimida, aquela desenvolvida em países subdesenvolvidos, onde se pressupunha a existência do elemento opressor como: sistema de governo autoritário, pobreza, fome etc.
> Mais tarde, em 1987, Gerdes, Carraher e Harris utilizaram o termo: Matemática não Estandartizada para diferenciar da *standard* ou academia.
> Outro termo usado por Gerdes em 1985 foi de Matemática Escondida ou Congelada, que estudava as cestarias e os desenhos em areia dos moçambicanos.
> Mellin-Olsen, em 1986, chama de Matemática Popular aquela desenvolvida no dia a dia e que pode ser ponto de partida para o ensino da matemática dita acadêmica.

Ubiratan D'Ambrosio utilizou em 1985, pela primeira vez, o termo Etnomatemática no seu livro: "*Etnomatematics and its Place in the History of Mathematics*" (Ferreira, 2004, p. 13-15)

Das contribuições mais consistentes estão os ensaios teóricos do professor Ubiratan D'Ambrosio, que define a etnomatemática como tendo a função de procurar contribuições diversas das mais variadas culturas para a construção dos conceitos matemáticos. D'Ambrosio estuda as culturas tradicionais não europeias atribuindo a elas um valor que nem sempre lhes é conferido. A perspectiva da etnomatemática deu lugar ao **programa etnomatemático**, uma reorganização teórica comportamental e sociológica elaborada por D'Ambrosio na década de 1990:

> A ideia de programa está, de algum modo, aliada ao estudo e à análise comparativa destes fazeres/saberes [dos povos e nações não europeístas] e da dinâmica cultural intrínseca a eles, mas com o objetivo de compreendê-los no movimento da história da humanidade dentro de uma leitura transcultural e transdisciplinar entre aspectos cognitivos, filosóficos, históricos, sociólogos, políticos e naturalmente educacionais.

A etnomatemática de D'Ambrosio busca identificar enunciados de problemas matemáticos nos saberes culturais do "outro" e da diversidade cultural. O programa etnomatemático avança com fundamentos na antropologia, com a "diferença" sendo entendida como um dado positivo, constituinte de uma outra possibilidade do saber matemático ao longo da história da humanidade, diferentemente daquela selada nos livros didáticos.

A questão principal é, então, que a história da matemática não é utilizada como recurso de aprendizagem na escola; avançando para o contexto da história da ciência, é notável que a segunda revolução científica tratou de alardear o nascimento e a morte de teorias, a formalização e o crescimento de conceitos, de um regime (seja lógico, seja filosófico) sempre válido e aplicável em todos os lugares, independentemente da cultura ali estabelecida. Em vez de lidar com problemas reais, a história se tornaria uma avaliação inapropriada da edificação de contos para o benefício de uma ou outra escola filosófica, trazendo como consequência a privação do estado de conhecimento.

Cabe aos professores de Matemática ler e entender as questões histórico-culturais para que utilizem a matemática como princípio educacional e suporte para a resolução de problemas, e a modelagem e a etnomatemática na educação matemática. Essa tarefa pode ser dividida em objetivos a serem contemplados nos currículos escolares. Assim, a história da matemática e a etnomatemática servem para (D'Ambrosio, 1997):

a. **Humanizar a educação matemática**, por concebê-la como recorte histórico, social e cultural na produção do conhecimento, e como um conjunto de atividades sociais que estão relacionados a outras em diferentes grupos e classes sociais.

b. Ajudar os alunos a compreender os **significados de metas, valores, conceitos, métodos e provas** em diferentes práticas sociais que envolvem a matemática do branco, do negro, do índio, do ocidente, do oriente.

c. Desenvolver sentimentos de **cidadania** nos alunos, contextualizando os saberes matemáticos fundados na escola sobre práticas sociais comuns sob o ponto de vista histórico-crítico.

d. Manter uma **atitude aberta** para o estudo de práticas matemáticas em geopolítica em diferentes contextos em ordem cronológica.

2.5 Entrelaçamentos de diferentes tendências: em busca de possibilidades

A matemática sempre foi usada com forte apelo imediatista: servir como ferramenta para organizar e entender as ciências exatas. Hoje, a matemática também é aplicada a outras disciplinas, como Biologia, Medicina, Administração, Linguística e Ciências Sociais, entre outras.

Inicialmente, a área da matemática era de importância primária na coleção de dados da estatística clássica, da probabilidade e da lógica proposicional. O que ocorre hoje é a apropriação da matemática em contextos de outras áreas para a construção de modelos não estatísticos. Essa realidade passa pela coexistência entre as tendências na educação matemática que, por vezes, se sobrepõem, relativizando a tarefa docente a uma aplicação isolada de uma ou outra tendência em educação.

Por exemplo, os economistas, que estão principalmente interessados na modelagem não estatística, são chamados de *economistas matemáticos*. Da mesma forma, existem biólogos matemáticos, psicólogos matemáticos, e outros. A crescente importância dessas profissões entrelaçadas fornece uma oportunidade de combinar a formação matemática com interesses em outras disciplinas ou áreas do conhecimento.

As aplicações da matemática nas ciências sociais, na biologia ou na economia são extremamente importantes em virtude do **caráter interdisciplinar** que ela adquire e na confirmação da sua aplicabilidade em situações cotidianas e compromissadas.

A matemática utilizada na modelagem não varia com o tipo de problema em consideração, o que muda são os recursos tecnológicos utilizados para a resolução desse problema, o contexto social (a etnomatemática) em que ele se insere e a origem histórica dos termos matemáticos que fazem parte dele. Assim, a construção de um modelo matemático implica a formulação de leis ou axiomas que descrevem em termos matemáticos a (necessariamente idealizada) estrutura subjacente de um sistema.

Pensar em duas ou mais tendências juntas em uma mesma atividade ou sequência didática da matemática é esforço árduo, mas necessário. Um sistema econômico, político, social e histórico trata de uma variedade de campos e de uma enorme diversidade de abordagens dentro de cada conhecimento tratado, tarefa que dificilmente possibilita a enumeração de todos os ramos da matemática utilizados na solução do modelo escolhido. Além disso, devemos lembrar que muitos esforços como esse ainda são recentes, e que o número de ferramentas matemáticas de alto nível de sofisticação está continuamente aumentando.

Algumas sugestões de modelos apresentados em outras áreas do conhecimento com aportes de matemática, modelagem, etnociência e resolução de problemas são difíceis de ser encontrados em livros didáticos para o ensino médio. Falha incontestável. Triste realidade!

Um dos primeiros usos da matemática em biologia foi no estudo do crescimento populacional. Se assumirmos que o crescimento de uma população de organismos não é afetado pela pressão dos recursos, podemos chegar rapidamente à conclusão de que o número de organismos existentes após um dado período de tempo é um múltiplo constante de uma função exponencial do período de tempo decorrido – eis um modelo imediato que apresenta várias possibilidades de utilizar as tendências na educação matemática. No entanto, se levarmos em conta fatores adicionais, como a disponibilidade de recursos, o modelo biológico se torna mais complicado e as ferramentas matemáticas, mais sofisticadas. Outras áreas de biologia e medicina que são estudadas por meio de modelos matemáticos são a imunologia, a epidemiologia, a transferência de íons através das membranas e a diferenciação celular. Ferramentas matemáticas usadas com frequência são equações diferenciais ordinárias e parciais, assuntos que não são abordados no ensino médio, mesmo porque acabam sendo mal apresentados nas licenciaturas em Matemática, ao menos no que tange à aplicação em outras áreas.

Outros conteúdos que poderiam ser abordados nos currículos de Matemática do ensino médio são sistemas dinâmicos, processos de otimização, processos estocásticos e ciência da computação, bem como alguns conceitos de topologia. A última década tem visto um crescimento significativo em aplicações da matemática em problemas biológicos, a tal ponto que cada encontro internacional de matemática tem cada vez mais seções dedicadas à biologia matemática, à economia, à medicina e ao estudo da dinâmica de populações.

Na psicologia, encontramos a modelagem matemática intimamente associada à experimentação. Por exemplo, considere a aprendizagem simples do modelo estímulo-resposta de Skinner. Um assunto é colocado em uma situação de repetitivas escolhas (condicionamentos), sendo que, para diferentes respostas, existem diferentes recompensas. Como o padrão de recompensa revela o objeto em si, as respostas do sujeito mudam lentamente, ocorrendo uma alteração de comportamento acionada pelo condicionamento. O problema é explicar as leis que regulamentam a avaliação do padrão de escolha no âmbito da experiência; essa avaliação torna o modelo simples "estímulo-resposta" mais complexo. Quanto mais situações de aprendizagem são estudadas, variáveis como o tempo de reação e o comportamento nas escolhas tornam o modelo computacional inadequado às dinâmicas sociais, por não dar conta de interpretar a realidade. Essa abordagem comportamentalista, ao menos teoricamente, já foi superada.

Nessa perspectiva do estudo da realidade, a etnomatemática está atenta a fatos e práticas cotidianas das comunidades que foram vencidas no processo de colonização. Na exposição teórica de Rosa e Orey (2013), encontramos a definição que almejamos nos entrelaçamentos entre modelagem e etnomatemática:

> Este programa também faz parte de um sistema de pensamento matemático sofisticado que não visa somente o desenvolvimento das habilidades matemáticas, mas sim, o entendimento do "como fazer" matemática. Assim, se um sistema matemático é utilizado constantemente por um determinado grupo cultural, como um sistema baseado numa prática cotidiana que é capaz de resolver situações-problema reais, este sistema de resolução, pode ser descrito como modelagem. Neste processo, ambos, a matemática convencional e o sistema de pensamento matemático de um determinado grupo cultural podem ser utilizados. Esta perspectiva permite entender este aspecto como um processo etnomatemático, pois não se preocupa somente com a resolução de problemas ou procura o entendimento de como os indivíduos utilizam sistemas matemáticos alternativos para solucionar problemas do dia a dia, mas sobretudo, procura entender o que é a matemática. Neste sentido, os indivíduos podem ter uma melhor compreensão das práticas matemáticas que estão utilizando nos próprios sistemas matemáticos através da utilização da modelagem. (Rosa; Orey, 2003, p. 1)

No programa de etnomatemática, as práticas cotidianas (os saberes práticos que são socialmente estabelecidos) passam a saberes teóricos (alegoricamente, modelos matemáticos) e, consequentemente, estabelecem modelos de explicação para serem reutilizados em práticas futuras, por analogia.

Portanto, a aproximação entre modelagem e etnomatemática se dá em função da construção de modelos em sentido mais aberto, e não como construção literal de modelos matemáticos cientificados, consolidando fortemente uma estratégia constante, em sentido amplo, de reinterpretação do fenômeno estudado, adequando os modelos aos diferentes modos de fazer matemática.

Com a resolução de problemas não é diferente. Diremos de pronto que um problema deve despertar a curiosidade do indivíduo, suscitar nele certa tensão durante a procura de um plano de resolução e, finalmente, fazer o aluno chegar à descoberta da solução, o que conhecemos como "procedimento heurístico" (Medeiros Junior, 2007).

Um problema é matemático quando envolve o conhecimento de conceitos, técnicas e algoritmos matemáticos durante a sua resolução. Essa visão reducionista e imediata de um problema pode ser convertida em um tema gerador que substancialmente explorará melhor o enunciado do problema, enriquecendo o contexto da matemática nela mesma e em outros contextos de aplicação interdisciplinar.

Dentro do trabalho de ensino com base na modelagem e na etnomatemática, como foi enfatizado nas seções anteriores, podemos destacar o fato de que, na metodologia da resolução de problemas, os procedimentos de análise, analogia e recorrência levam a questionamentos que geram situações-problema que devem ser organizadas segundo um modelo simplificado.

A atividade matemática pela via da resolução de problemas depende da criação de modelos para resolver situações-problema. Alguns destes excedem as necessidades imediatas de generalizações e a relação intrínseca dos conceitos algébricos para a ideia de modelos mais elaborados contendo mais de uma variável. A esse sentido mais amplo da aplicação das atividades matemáticas na resolução de problemas e na criação de modelos simplificados chamaremos de *projetos*. Segundo a professora Maria Salett Biembengut (2014, p. 200, grifo do original):

> Quando um desses **projetos** abarca o querer 'saber' mais sobre algo, requer-lhe dispor de um método de pesquisa para alcançar este 'saber'. Se este 'saber' tem como finalidade solucionar alguma **situação-problema** cujos dados disponíveis não são suficientes para se utilizar de um modelo existente, ou ainda, (re)criar ou produzir algo, esse método denomina-se **modelagem**. Mas, se este 'saber' tem como propósito conhecer, explicar como uma pessoa ou um grupo de uma cultura social elabora um modelo matemático ou faz uso desse modelo em suas atividades, na solução de alguma **situação-problema**, o método denomina-se **etnomatemática**.

Pesquisadores da escola americana de resolução de problemas, como Schoenfeld (1985) e Gage e Berliner (1992), consideram que resolver situações-problema é a própria razão para se ensinar matemática. Contudo, elas devem ser potencialmente didáticas ao:

- levantar fatos matemáticos;
- identificar variáveis dependentes e independentes em sistemas de uma ou mais incógnitas;
- buscar significados de conceitos matemáticos na história da matemática;
- (re)conhecer as operações matemáticas fundamentais;
- perceber as relações entre as operações e suas implicações em situações cotidianas no trabalho de formular;
- solucionar e, ainda, avaliar e argumentar se a resposta encontrada é compatível com as informações aportadas no enunciado do problema.

Tarefa árdua, mas que traz inúmeros ganhos na aprendizagem da Matemática em diferentes contextos e necessidades na práxis escolar.

Etapas didáticas da modelagem

1. **Escolha do tema**: com base no diagnóstico, o(s) tema(s) pode(m) ser escolhido(s) pelo professor, pelos alunos ou em conjunto. Biembengut e Hein (2003) sugere [sic] que o professor selecione possíveis temas para que os alunos não escolham um tema inadequado ao desenvolvimento do conteúdo desejado ou um tema complexo em relação ao conhecimento matemático que possuem. Caso sejam escolhidos vários temas, os estudantes devem ser distribuídos em grupos que possuem o mesmo interesse de pesquisa.

2. **Interação com o tema**: faz-se um estudo (coleta de informações) sobre o tema escolhido através de visitas técnicas a órgãos e profissionais, pesquisa na internet, livros, revistas, entrevistas, reportagens de jornais ou experimentos. Caso os alunos não tenham acesso à internet, ou para otimizar o tempo, o professor pode fornecer os dados (Rosa, 2005; Barbosa, 2001, 2004a). Os estudantes devem propor questões que de uma maneira geral, inicialmente são bastante simples, podendo ser solucionadas utilizando conceitos matemáticos que já conhecem [sic]. O professor pode, então, ajudá-los a formular questões mais complexas que permitam desenvolver o novo conteúdo programático e possibilite fazer generalizações com a utilização de analogias com situações correlatas (Rosa, 2005).

3. **Formulação do problema**: o professor deve auxiliar os estudantes na formulação do(s) problema(s) matemático(s) relacionado(s) ao tema, das hipóteses utilizando a simbologia adequada e descrevendo as relações em termos matemáticos, uma vez que a transferência da linguagem verbal para linguagem matemática é na maioria das vezes uma tarefa que exige esforço dos alunos. Na medida em que se está formulando ou resolvendo o problema, o conteúdo programático vai sendo desenvolvido. Deste modo,

a matemática vai sendo desenvolvida à medida que se faz necessária (Rosa, 2005).

4. **Elaboração dos modelos matemáticos**: o professor deve orientar os estudantes na construção do modelo devido sua natureza conceitual e abstrata. Deve-se indicar porque [sic] algumas características do modelo foram consideradas e outras rejeitadas. A partir do modelo obtido, os estudantes podem elaborar estratégias que os auxiliam na explicação, análise e resolução do problema.
5. **Resolução dos problemas matemáticos**: nesta etapa, os conceitos matemáticos que foram identificados na elaboração dos modelos matemáticos devem ser sistematizados. (Rosa, 2005). O professor deve mostrar outros exemplos e propor exercícios para que o conteúdo não se restrinja ao modelo obtido, permitindo assim, que o aluno aprimore a apreensão dos conceitos (Biembengut; Hein, 2003).
6. **Interpretação da solução**: cada grupo/estudante deve avaliar e interpretar a solução, verificando a adequação da solução obtida ao modelo utilizado. A interpretação da solução envolve uma retomada dos conceitos matemáticos que estão relacionados ao problema. Por isso, recomenda-se que a interpretação do resultado obtido com a resolução do modelo matemático seja realizada de diferentes maneiras: analítica, gráfica, geométrica ou algébrica (Rosa, 2005).
7. **Validação da solução**: o resultado obtido pelo modelo matemático é comparado com o sistema "real".
8. **Exposição escrita e oral do trabalho**: esta etapa é importante, pois muitas vezes, os alunos não possuem um registro escrito organizado daquilo que fizeram e têm muitas limitações na comunicação matemática oral (Ponte et al.*, 2005). Cada grupo deve elaborar um relatório contendo

---

* Costa (2009) usa a entrada "Ponte et al., 2005". Porém, neste nosso livro, utilizamos "Ponte; Brocardo; Oliveira, 2005". Ver a seção "Referências".

o objetivo do trabalho, a justificativa e referencial teórico do tema escolhido; a definição do problema, das hipóteses e questões levantadas; os procedimentos utilizados para organizar os dados, validar as conjecturas, obter o modelo e solucionar o problema; as tentativas realizadas e dificuldades encontradas; as conclusões do trabalho e a bibliografia (Biembengut e Hein, 2003; Ponte et al., 2005). Após elaboração do relatório, os grupos devem expor os resultados da pesquisa para os demais, pois eles podem colaborar com sugestões para a modificação ou aperfeiçoamento dos modelos obtidos.

9. **Avaliação**: devem ser avaliados critérios como organização, clareza e criatividade (Ponte et al., 2005). Uma sugestão dada por (Rosa, 2005), é que cada grupo seja avaliado pelo desempenho global e cada aluno seja avaliado pelos elementos de cada grupo e pelos elementos do próprio grupo. O professor avalia as apresentações e os relatórios apresentados pelos grupos.

Fonte: Costa, 2009.

Síntese

O objetivo deste capítulo foi relacionar a utilização da modelagem matemática como estratégia de ensino-aprendizagem com elementos da didática na Matemática.

A atividade matemática pela via da modelagem matemática como estratégia de ensino tem o objetivo de interpretar e compreender os mais diversos fenômenos do nosso cotidiano. Podemos descrever esses fenômenos, analisá-los e interpretá-los com o propósito de gerar discussões reflexivas sobre impactos na economia, na sociedade, na escola e até mesmo dentro da própria matemática.

Atividades de autoavaliação

1. Com o objetivo de chamar a atenção para o desperdício de água, um professor propôs a seguinte tarefa para seus alunos: "Sabe-se que, em média, um banho de 15 minutos consome 136 ℓ de água; o consumo de água de uma máquina de lavar roupas é de 75 ℓ em uma lavagem completa, e uma torneira pingando consome 46 ℓ de água por dia." No que se refere ao trabalho do aluno na resolução do problema proposto, assinale a opção que está de acordo com o que Bassanezi (2004, p. 24) afirma: "A modelagem consiste, essencialmente, na arte de transformar situações da realidade em problemas matemáticos cujas soluções devem ser interpretadas na linguagem usual."

   a) A modelagem organiza modelos matemáticos para resolver problemas.
   b) O trato metodológico da modelagem é o de analisar criticamente a situação-problema levando em conta questões sociais.
   c) A atividade de modelagem representa a atividade fim da matemática.
   d) A modelagem aciona estratégias de resolução de problemas e examina consequências do uso de diferentes definições.

2. A sociedade atual aposta na educação para a formação do indivíduo, o seu desenvolvimento pessoal e a construção de sua identidade, que proporcionam a ele autonomia para gerenciar a própria aprendizagem, tomar decisões e estabelecer relações, tornando-se proativo e capaz de enfrentar os desafios perante a sociedade. De acordo com os Parâmetros Curriculares Nacionais (PCN), as escolas procuram trabalhar algumas qualidades e conhecimentos com vistas a atender às expectativas da nova sociedade em relação aos alunos, como: competência em leitura e escrita; habilidades matemáticas com aptidão para fazer cálculos; solução de problemas de toda ordem; precisão para descrever fenômenos e situações; capacidade de analisar, comparar e expressar seu próprio pensamento.

Considerando a modelagem como metodologia de ensino e fator fundamental para tornar o ensino da Matemática mais significativo para quem a aprende, o professor deve priorizar:

I. atividades que promovam um processo de ressignificação do conteúdo matemático e do contexto social;

II. atividades que padronizem os procedimentos matemáticos realizados pelos alunos, pois, dessa forma, promoverá o domínio da notação matemática;

III. atividades que, a partir de situações cotidianas, promovam a percepção da relevância do conhecimento matemático;

IV. A linguagem simbólica, pois, dessa forma, promoverá a percepção das especificidades dessa área de conhecimento.

É correto apenas o que se afirma em:

a) I, II e III.
b) II e III.
c) I, III e IV.
d) I, II e IV.

3. A história da matemática nos mostra que os conceitos da área surgiram em resposta a perguntas provenientes de problemas de ordem prática, quais sejam: a divisão de terras, o cálculo de créditos e débitos, observações de padrões da natureza com relação à física, à astronomia e à filosofia, bem como problemas relacionados a investigações internas à própria matemática. Nesse sentido, é interessante que o professor a ensine com base em problemas contextualizados, utilizando metodologias como a resolução de problemas e a modelagem matemática. Com os conhecimentos adquiridos durante a leitura deste capítulo, analise e julgue as afirmações a seguir:

I. A modelagem matemática, assim como a resolução de problemas, tem como ponto de partida a definição matemática.

II. A modelagem matemática, assim como a resolução de problemas, parte de problemas cuja a solução não está evidente de início.

III. A modelagem matemática, assim como a resolução de problemas, permite a construção articulada de diversas áreas do conhecimento.

É correto apenas o que se afirma em:

a) II e III.
b) I e II.
c) II.
d) III.

4. As atividades de modelagem matemática estão organizadas em ordem conexa e didática; a mera resolução de um problema por meio de um esquema lógico e concatenado não garante se tratar de atividade de modelagem matemática. Afinal, com base em Burak (2010), as etapas do processo de modelagem são hierárquicas. Considerando as fases a seguir, qual a ordenação correta?

a. Pesquisa exploratória; b. Análise crítica das soluções; c. Escolha do tema; d. Resolução dos problemas e desenvolvimento do conteúdo matemático no contexto do tema; e. Levantamento dos problemas.

a) d, e, a, b, c.
b) e, a, b, c, d.
c) c, e, a, d, b.
d) a, b, c, d, e.

5. A modelagem matemática envolve várias etapas relacionadas à metodologia da resolução de problemas. Tendo em vista uma situação-problema criada com base em um tema disparador de modelagem, marque a alternativa que está de acordo com a teoria da resolução de problemas junto com a modelagem matemática:

a) O conhecimento de algoritmos é imprescindível para que os alunos consigam resolver situações-problema em atividade de modelagem.

b) A resolução de situações-problema deve partir da apresentação dos encaminhamentos formais da definição dos conceitos matemáticos pelo professor.

c) Para resolver um problema que advém de um tema gerador, o estudante deve ter liberdade para utilizar a técnica que quiser e o recurso de pesquisa que julgar adequado à resolução/validação do problema.

d) As atividades de resolução de situações-problema propostas aos alunos devem ter estruturas mais simples do que aquelas da sua vivência cotidiana.

Atividades de aprendizagem

Questões para reflexão

1. A modelagem matemática na sala de aula contribui para que professores e alunos desenvolvam hábitos de pesquisa, verificando que grande parte dos conceitos matemáticos tem aplicação tanto para o campo profissional quanto para o cotidiano. Para o professor, a grande vantagem de utilizar esse método é a sua evolução intelectual, sua formação continuada por meio da troca de experiências com os alunos e o meio social. Busque por um tema que aparentemente não tenha relação direta com a matemática e defenda ou refute a hipótese de que nem tudo que está no cotidiano pode ser modelado matematicamente.

2. Entre os aspectos da dinâmica escolar, estão a cultura, os espaços, os tempos e os saberes dos professores e alunos. Durante a semana pedagógica, em que os professores devem organizar seus planos de ensino, você foi incumbido(a) de auxiliar os novos professores nessa tarefa, escrevendo um texto que defenda o uso da modelagem matemática como metodologia de ensino, e não como conteúdo.

Que argumentos seriam utilizados e que autores fundamentariam a sua defesa?

Atividade aplicada: prática

1. Elabore uma atividade de modelagem matemática que contemple cada etapa definida por Burak (2010):
   a) Tema.
   b) Situação problema relacionada com o tema.
   c) Pesquisa sobre as possíveis relações com outras disciplinas.
   d) Resolução da situação-problema.
   e) Análise crítica das soluções encontradas.

Legislação e Materiais Didáticos

O livro didático vem se configurando nos últimos anos como um objeto de discussão entre professores e pesquisadores da Educação. Programas como o Programa Nacional do Livro Didático (PNLD), o Programa Nacional do Livro Didático para o Ensino Médio (Pnlem) e o Programa Nacional do Livro Didático para a Alfabetização de Jovens e Adultos (PNLA) são oriundos de diretrizes e legislação vinculadas ao Ministério da Educação (MEC) e têm como finalidade garantir a distribuição desse material às redes públicas de ensino. Estabelecer a figura do professor como autor de livro didático depende de formação continuada e da aceitação por ele dos ritos editoriais e legais impetrados na concepção do livro didático para o ensino médio. Mesmo assim, às vezes o que acontece é a adoção de um apostilamento curricular com a seleção de macetes e "resumões" vazios de definições, deixando de lado a epistemologia como fonte de saber de todas as matérias. Neste capítulo, vamos definir e contextualizar a figura do professor de Matemática na tarefa de escrever o seu próprio livro e reescrever a sua práxis docente, a começar pelo estudo das orientações curriculares a que ele está sujeito.

3.1 Orientações curriculares no Brasil

No Brasil, os precursores das mudanças mais significativas nos currículos do ensino secundário (atual ensino médio) foram os ministros Francisco Campos (1891-1968) e Gustavo Capanema (1900-1985). Na figura de Ministros da Educação, ambos inferiram dogmaticamente seus anseios e visões imediatas das necessidades educacionais as quais os cidadãos brasileiros "deveriam" ter, representando-os em projetos de governo que mais tarde se transformariam em leis federais. Tais projetos promoveram as conhecidas "reformas educacionais", que, de certa forma, mudaram concepções da área educacional e ditaram regras que são reproduzidas até hoje nas escolas brasileiras.

A **reforma Francisco Campos**, promulgada em 1931, elegeu por definitivo o currículo escolar seriado, a frequência mínima obrigatória e o ensino (atual educação básica) em dois ciclos: um fundamental, com duração de cinco anos, e outro complementar, com duração de dois anos (atual ensino médio). Após concluídas as séries dos dois ciclos, o indivíduo poderia se candidatar a uma vaga nas faculdades, atual ensino superior (Bicudo, 1942; Moraes, 2000).

A **reforma Capanema**, de 1942, instituiu no ensino secundário um primeiro ciclo de quatro anos de duração (5ª, 6ª, 7ª e 8ª séries, antigo 1º grau, atualmente ensino fundamental, de nove anos), denominado *ginasial*, e um segundo ciclo de três anos (1º, 2º e 3º anos do 2º grau). O 2º grau (atual ensino médio) apresentava duas opções de matrícula: o curso clássico e o científico.

Francisco Campos recebeu forte influência dos ideais escolanovistas* propostos por Euclides Roxo (1890-1950), professor de Matemática e Diretor do Colégio Dom Pedro II no período de 1915 a 1937 (Carvalho, 1996). Nos compêndios de matemática elementar escritos por Euclides

---

* Escola Nova, Escola Ativa ou Escola Progressiva: no Brasil, na década de 1930, foram as denominações dadas à tendência à educação relativa ao aprendizado elaborado a partir da experiência, fundamentada nos ideais pragmatistas do pedagogo e psicólogo americano John Dewey (1859-1952) (Vidal, 2003).

Roxo, percebia-se uma forte tendência de modificar o currículo de Matemática dos secundaristas, em especial os conteúdos dos três anos finais do segundo ciclo. Em linhas gerais, o professor Euclides Roxo propunha a unificação das disciplinas de Aritmética, Álgebra e Geometria em apenas uma, chamada simplesmente de *Matemática*.

Para Schubring (1999, p. 8), a Matemática,

> dentro das estruturas tradicionais, costumava servir como um paradigma para o pensamento lógico, de modo que os conceitos eram usualmente bastante elementares e os métodos de ensino enfatizavam os aspectos formais; a Matemática escolar tinha um caráter estático e desligado das aplicações práticas.

A mudança de paradigma anunciava o embate entre as crenças e os dogmas enclausurados no ensino médio brasileiro. Existiam (e ainda existem) aqueles que defendiam a lógica e a supremacia dos aspectos formais da matemática como fontes rejuvenescedoras do ensino e da aprendizagem da Matemática, sedimentando, portanto, sua ação didática no ensino da matéria na década de 1920; e existiam (e ainda existem) aqueles que lutavam por mudanças no currículo do ensino da Matemática, propondo, entre outras ações pedagógicas, conforme expressão do professor Samuel Ramos Lago (2015), uma "lipoaspiração curricular" nos conteúdos da Matemática do ensino médio.

Segundo Denise França (2007), o grupo francês intitulado *Bourbaki*, sob o pseudônimo de "Nicolas Bourbaki", influenciou significativamente, com textos publicados a partir de 1935, o Movimento da Matemática Moderna (MMM) (com forte tendência a iniciar o estudo da matemática de nível médio pela teoria dos conjuntos) em âmbito internacional. O pensamento do grupo chegou ao Brasil na década de 1940, sobretudo na Universidade de São Paulo, como consequência dos desdobramentos da Segunda Guerra Mundial nas relações entre o Brasil e a França, por meio da criação dessa universidade e da necessidade de se formarem "entendimentos" quanto aos avanços que a matemática, em sua forma estrutural, traria para o país (Pires, 2006).

No Brasil, houve ampla discussão e debate para a institucionalização da matemática moderna, sendo um dos expoentes desse movimento o professor Euclides Roxo, mentor de Matemática do Colégio Pedro II do Rio de Janeiro. Sob forte influência dos ideais de Felix Klein (1849-1925) (da escola alemã do MMM), Roxo havia implantado, no final da década de 1920, uma mudança significativa nos programas de ensino. Essa proposta também foi adotada nas reformas Francisco Campos (Ministro da Educação em 1931) e Capanema (Gustavo Capanema, Ministro da Educação de 1934 a 1945).

De 1946 a 1961, ocorreram intensos debates e discussões sobre o destino da educação brasileira, que passou então a observar as consequências do período pós Segunda Guerra Mundial, com forte apelo às carreiras militares e à necessidade imediata do desenvolvimento da nação por meio do aprimoramento científico e tecnológico. Ou seja, era inevitável que os currículos das escolas brasileiras carregassem uma visão tecnicista dos conteúdos a serem ministrados (Holloway; Peláez, 1998).

Em 1961, foi sancionada a primeira **Lei de Diretrizes e Bases da Educação Nacional (LDB)**, que, em linhas gerais, transferia a responsabilidade pela formação e sistematização do conhecimento às universidades, sendo elas subordinadas às delimitações do poder público, conforme a Constituição Nacional (Saviani, 1999).

Em 1968, foi sancionada a Lei n. 5.540, de 28 de dezembro de 1968 (Brasil, 1968), que reformou a estrutura do ensino superior, chamada de *Lei da Reforma Universitária*.

Em 1971, com o objetivo de atender às demandas dos ensinos primário e médio, foi sancionada a Lei n. 5.692, de 11 de agosto de 1971 (Brasil, 1971) que alterou os ensinos pré-primário, primário, ginasial e colegial para a denominação de *ensinos de 1º e 2º graus* e tornou obrigatório o ensino dos sete aos 14 anos (Brasil, 2016).

Em 1996, a mais recente LDB foi sancionada (Lei n. 9.394 de 20 de dezembro de 1996 [Brasil, 1996]), dando espaço para a inclusão da educação infantil (creches e pré-escolas). A discussão sobre a formação dos profissionais da educação básica foi colocada em um capítulo específico (Capítulo VI, art. 61). Tratou também da instituição de programas relacionados a políticas públicas visando à promoção do acesso ao ensino superior, como o Exame Nacional do Ensino Médio (Enem) e o Programa Universidade Para Todos (Prouni).

Partindo das orientações propostas na LDB de 1996 e das contribuições de docentes de universidades públicas e particulares, de técnicos de secretarias estaduais e municipais de educação e de instituições representativas de diferentes áreas de conhecimento, surgiram os **Parâmetros Curriculares Nacionais (PCN)** (Brasil, 1997a), em 1997.

Os PCN tiveram uma edição específica voltada para o ensino médio e destinada a cada uma das disciplinas do núcleo comum. Além da separação por disciplinas, os cadernos são divididos em grandes eixos; a Matemática aparece no eixo "Ciências da Natureza, Matemática e suas Tecnologias" (Brasil, 1999b) e, conforme "orienta" a taxonomia de Bloom*, os conteúdos foram organizados por competências e habilidades.

Desde 1999, com a elaboração dos **Parâmetros Curriculares Nacionais do Ensino Médio (Pcnem)** (Brasil, 1997a), que trouxe os objetivos e a necessidade do desenvolvimento de competências e habilidades na área de matemática (vide taxonomia de Bloom), a orientação para elaborar os planejamentos escolares não apresenta mudanças significativas sobre o que ensinar em Matemática no ensino médio, seja quanto à orientação didático-metodológica, seja quanto aos conteúdos em si, os ciclos e eixos que estruturam o ensino médio no Brasil. Assim, conforme veremos adiante, os PCN trouxeram benefícios e alguns atropelos na dinâmica do ensino da Matemática.

---

* Benjamin S. Bloom (1913-1999), nas décadas de 1940 e 1950, criou e expandiu a proposta de elaborar planos de ensino por meio de uma taxonomia dos objetivos educacionais. Em seu trabalho, assumiu a tarefa de classificar por meio de metas e objetivos os conteúdos educacionais. O sistema proposto e deveras aceito na comunidade educacional brasileira estabeleceu três domínios a serem abordados: o cognitivo, o afetivo e o psicomotor. A taxonomia de Bloom divide objetivos educacionais hierarquicamente, do mais simples (conteúdo) para o mais complexo (avaliação). A taxonomia traz tabelas com a sugestão de diversos verbos no infinitivo impessoal para auxiliar os professores nos seus planejamentos mensais, semestrais e anuais (Ferraz; Belhot, 2010).

Há de se questionar qual seria a fonte (referência) principal da elaboração dos PCN, em especial o caderno que trata dos conteúdos e orientações específicos de Matemática, pois essa resposta não está dentro do próprio PCN. Depois de um bom tempo de estudo (Medeiros Junior, 2007) observamos que as bases que sustentavam a "inovação" curricular existente no programa de Matemática para o ensino médio brasileiro vieram de uma escola norte-americana.

O **National Council of Teachers of Matemathics (NCTM)*** (Conselho Nacional de Professores de Matemática), dos Estados Unidos, baseado no documento *An Agenda for Action* (NTCM, 1980), traz as diretrizes para o progresso da matemática nos anos 1980, e, mais tarde, o *Professional Standards for Teaching Mathematics* (NTCM, 1991), com normas** diretivas para o ensino da Matemática.

O NCTM concebe que a matemática deve ser ensinada por meio de resolução de problemas, enfatizando que tal estratégia deve ser utilizada como metodologia de ensino, como modo de se ensinar matemática de forma criativa. O NCTM iniciou os trabalhos com a publicação de três volumes, os *Standards**** (padrões) para a educação matemática. Houve modificações no que se entendia como ensino da matemática para além do que o MMM propunha. No Brasil, algumas universidades, com apoio do Governo Federal, adotaram os Standards do NTCM, e merecem

---

* O NCTM é uma ONG norte-americana que, desde 1920, discute e indica diretrizes e orientações para ensino de matemática nos EUA.

** A norma n. 5 dos *Professional Standards for Teaching Mathematics (Princípios e normas para a matemática escolar)* trata "A matemática como resolução de problemas, raciocínio e comunicação." (NTCM, 1991).

*** Os *Standards* são padrões que começaram a ser publicados em março de 1989 pela NTCM. Ao todo, foram três publicações: *Curriculum and Evaluation Standards for School Mathematics* (1989); *Professional Standards for Teaching Mathematics* (1991); e *Assessment Standards for School Mathematics* (1995). Em 2000, o NTCM agrupou os três documentos e os publicou como *Principles and Standards for School Mathematics*, mas essa publicação não substitui os *Standards* originais. A versão online do documento publicado no ano 2000 está disponível apenas para membros do NCTM. Ver no *site* do NTCM: <http://www.nctm.org/standards/>.

destaque os inúmeros exemplos práticos de como aplicar as teorias neles descritas e os estudos de caso apresentados com materiais manipuláveis, calculadoras gráficas e jogos.

Em sentido inverso, chama a atenção a pouca matemática presente nos *Standards*. O aspecto mais notável é a ausência dela como um sistema conexo com o lugar que ela ocupa no currículo escolar e de sua relação com as demais disciplinas.

Nos problemas de matemática dos *Standards*, é comum o apelo a uma linguagem simbólica e de difícil enunciação. Apesar de educadores norte-americanos referenciarem George Polya na maioria dos trabalhos que fazem, muitas vezes eles ignoram as principais contribuições dele no sentido de aprimorar os enunciados dos problemas. Polya escreveu:

> Por que problemas verbais? Espero chocar algumas pessoas ao afirmar que, por si só, a tarefa mais importante da instrução nas escolas médias é o ensino da montagem de equações para resolver problemas verbais. Existe um argumento forte a favor dessa opinião. Ao resolver problemas verbais armando equações, o estudante traduz uma situação real em termos matemáticos; ele tem uma oportunidade de vivenciar que conceitos matemáticos podem estar relacionados com realidades, mas que tais relações precisam ser trabalhadas cuidadosamente. (Polya, 1981, p. 59, tradução nossa)

Outra questão a ser refletida, e que está impregnada nos PCN de Matemática desde a década de 1990, é o **clichê da contextualização**. Uma passada de olho rápida nesses documentos pode fazer o leitor imaginar que "problemas do mundo real" são aqueles que levam o aluno a reconhecer nomes de marcas e "idas ao supermercado ou ao banco", "receber o troco" ou qualquer outra tarefa cotidiana.

Alguns livros-texto (Hays, 1999, citado por Toom, 2000) incluíam problemas como: "O biscoito Oreo é o mais vendido dos biscoitos em embalagens... O diâmetro de um biscoito Oreo é 1,75 polegada [sic]. Expresse o diâmetro do biscoito Oreo como fração na sua forma mais simples". Fica o questionamento: que tipo de contextualização (em termos de necessidade e utilidade) se faz necessária para que a marca do biscoito fosse citada no contexto do cálculo da expressão mais simples e ordinária do diâmetro?

Os PCN de Matemática incorporam algumas das orientações apontadas pelo NCTM e, dado o forte movimento de produção acadêmica no campo da educação matemática, ficou notório o fato de que o professor não poderia mais restringir a transmissão do conhecimento sem relacionar os fatos de sua prática escolar com os acontecimentos globais.

Em 2002, o Ministério da Educação publicou um conjunto de *Orientações Educacionais Complementares aos Parametros Curriculares Nacionais* do Ensino Médio, conhecido por PCN+ (Brasil, 2002), que apresentou uma nova organização de conteúdos para o ensino médio, os quais deveriam ser trabalhados por meio de temas estruturadores.

Em virtude de inúmeras críticas apresentadas nos diversos encontros de educação matemática realizados no país desde a implantação dos PCN, o Ministério da Educação lançou, em 2006, as **Orientações Curriculares para o Ensino Médio (Ocem)** (Brasil, 2006), que mais tarde foram reestruturadas pelas secretarias estaduais e municipais de educação, num movimento de adaptação às suas necessidades, sendo chamadas de *Diretrizes Curriculares* e apresentadas aos professores por meio dos departamentos de educação básica vinculados às chefias educacionais.

A grande ideia das Ocem foi **aglutinar interdisciplinarmente** as ciências da natureza com a matemática e suas tecnologias. Entre as suas contribuições, destaca-se o objetivo de privilegiar um "planejamento e desenvolvimento orgânico do currículo, superando a organização por disciplinas estanques [...]", (Brasil, 2006) ou seja, favorecer a interdisciplinaridade no ensino médio.

Mas nem tudo caminhou conforme preconizado nas Ocem, pois, desde 2009, a grande área de "ciências da natureza, matemática e suas tecnologias" foi desmembrada, restando as disciplinas de Biologia, Física e Química separadas da Matemática. Por um lado perdeu-se a oportunidade explícita de inter-relacionar os conteúdos de Matemática com

Física, Física com Matemática, Química e Matemática, Matemática e Química, Biologia e Matemática e Matemática e Biologia; por outro, surgiu a oportunidade de mensurar quantitativamente o desempenho dos alunos em Matemática. Uma situação deveras complexa para os gestores, uma vez que ou prioriza-se o caráter explícito da interdisciplinaridade, ou utiliza-se a prova como fonte de dados relativos ao desempenho dos inscritos nas diferentes áreas do conhecimento, isoladamente.

Não causa estranheza o fato de que muitas dessas orientações e diretrizes foram, em certa medida, impostas à dinâmica escolar, causando conflitos de ordem pedagógica, pois nem sempre o que é pensado para a educação pode e deve ser aplicado nas escolas (ao menos, não de imediato). Na educação matemática, a questão-chave passou a ser: o que ensinar em Matemática no ensino médio? Na mesma linha, indagações aparecem entre os grupos de professores: existem conteúdos mais ou menos importantes a serem ministrados no ensino médio?

Hoje, se o professor de Matemática precisar de orientações sobre que conteúdos deve ministrar nas diferentes séries do ensino médio, poderá tomar como base *as Matrizes de referência para o Enem 2009* (Brasil, 2009), além das orientações presentes nas Diretrizes Curriculares do seu município ou estado. A sugestão* de tomar como base os conteúdos indicados pelo Ministério da Educação serve como direcionamento adequado ao constante aumento da oferta de vagas nas universidades por meio do Enem**.

---

* Caso o leitor compartilhe da intenção do Governo em sustentar o Enem como forma de acesso às Instituições Federais de Ensino Superior, recomendo a leitura do artigo de Andriola (2011).

** A primeira edição do Enem, em 1998, contou com cerca de 115.600 inscritos. O primeiro modelo de exame perdurou até o ano de 2008, quando o Enem já atingia a marca de 4.018.050 de inscritos, alcançado patamar superior aos 4.600.000 inscritos na edição de 2010. No ano de 2015, ultrapassou a marca de 7,7 milhões de inscritos: comparada essa marca histórica com a população de 205 milhões de habitantes no Brasil à época (Portal Brasil, 2015), mais de 3,7% da população se submeteu à avaliação.

Importante!

Conteúdos de matemática apontados na Matriz de Referência para o Enem 2009 (Brasil, 2009):
- **Conhecimentos numéricos**: operações em conjuntos numéricos (naturais, inteiros, racionais e reais), desigualdades, divisibilidade, fatoração, razões e proporções, porcentagem e juros, relações de dependência entre grandezas, sequências e progressões, princípios de contagem.
- **Conhecimentos geométricos**: características das figuras geométricas planas e espaciais; grandezas, unidades de medida e escalas; comprimentos, áreas e volumes; ângulos; posições de retas; simetrias de figuras planas ou espaciais; congruência e semelhança de triângulos; teorema de Tales; relações métricas nos triângulos; circunferências; trigonometria do ângulo agudo.
- **Conhecimentos de estatística e probabilidade**: representação e análise de dados; medidas de tendência central (média, moda e mediana); desvios e variância; noções de probabilidade.
- **Conhecimentos algébricos**: gráficos e funções; funções algébricas do 1.º e do 2.º graus, polinomiais, racionais, exponenciais e logarítmicas; equações e inequações; relações no ciclo trigonométrico e funções trigonométricas.
- **Conhecimentos algébricos/geométricos**: plano cartesiano; retas; circunferências; paralelismo e perpendicularidade, sistemas de equações.

Fonte: Brasil, 2009, grifo do original.

Os diferentes tipos de raciocínios matemáticos no ensino médio

Os PCN de Matemática (Brasil, 1997c) definem a resolução de problemas na matemática escolar como um "recurso" ou "ponto de partida" para a atividade matemática. Porém, quando as portas da sala de aula se fecham*, ocorre a prática da matemática formalista, axiomática (euclidiana) e sintética, que privilegia excessivamente os processos de demonstração e a repetição de conceitos definidos *a priori*, e assim a necessidade do pré-requisito está fortemente ligada a axiomas e símbolos de um mundo distante da realidade escolar (Battisti, 2002).

Na matriz curricular do Enem do Ensino Médio – Pcnem, consta a seguinte orientação:

> O critério central é o da contextualização e da interdisciplinaridade, ou seja, é o potencial de um tema permitir conexões entre diversos conceitos matemáticos e entre diferentes formas de pensamento matemático, ou, ainda, a relevância cultural do tema, tanto no que diz respeito às suas aplicações dentro ou fora da Matemática, como à sua importância histórica no desenvolvimento da própria ciência. (Brasil, 1999b)

3.2 Possibilidades metodológicas

Uma preocupação recorrente na educação matemática no que tange à teoria e à prática no ensino da disciplina é o conceito de *número* e as etapas do transformismo algébrico (Miorim; Miguel; Fiorentini, 1993). Estas desafiam as linhas da cognição ao afirmar que a simples enunciação de um amontoado de expressões algébricas configura-se em postulados lógicos e próprios da atividade matemática. Desejamos, neste capítulo, construir pontes entre as formas intuitivas e analíticas de ver os enunciados dos problemas apresentados em materiais didáticos na expectativa da coexistência pacífica entre os dois modos de pensamento –

---

* Recomendo a leitura do livro: FIORENTINI, D. (Org.). **Por trás da porta, que matemática acontece?** Campinas: Ilion, 2010.

o imediato, que a matemática é lógica e abstrata, e **o inferencial**, que trata a matemática como construção pedagógica adequada a cada série, conteúdo e recorte histórico.

Suponha que você tenha escolhido um livro didático e nele encontre um problema que resolveu apresentar na sua aula de matemática. Na atividade didática da resolução de problemas, primeiro você apresenta o problema como algo novo, que surpreende cognitivamente o aluno (o fato de o aluno não conhecer a solução do problema é um aspecto cognitivo de desconhecimento, que causa desconforto); num primeiro momento, os alunos tentam fazer alguma adivinhação, trazendo uma ou mais soluções intuitivas.

Depois, a tarefa passa ser levá-los a fazer algum raciocínio e alguns cálculos, buscando a solução analítica do problema em questão, o que acaba por entrar em conflito com a solução intuitiva anterior. Considerando a situação de sala de aula que acabamos de descrever, estamos agora confrontados com um desafio educacional crucial: como professores e educadores de matemática convencem seus alunos que não devem confiar na sua intuição, e mais, que devem abandoná-la em prol da solução analítica?

Além dessas considerações pedagógicas, a valorização das etapas pré-analíticas aponta que as intuições rejeitadas (muitas vezes chamadas de *equívocos*, *preconceitos* ou *ideias ingênuas*) podem servir como um trampolim para a construção de mais relações e conexões analíticas. Dessa forma, as intuições dos estudantes são vistas como um recurso poderoso de recorrência às habilidades cognitivas próprias do raciocínio matemático, o que termina por causar sentimentos positivos nos estudantes, pois eles percebem que são bons e se sentem bem quando resolvem problemas matemáticos.

Quando nos concentramos em materiais didáticos que nos auxiliam, por exemplo, no entendimento sobre sólidos geométricos, reorganizamos os procedimentos didáticos em torno de novas ações e registros. Vamos continuar neste exemplo: para o ensino de geometria, com o objetivo de tratar do raciocínio algébrico (da geometria analítica) e geométrico (das relações algébrica e projetiva), organizamos os conteúdos no que se refere a:

a. conceitos geométricos;

b. processos matemáticos (analisar, descrever, classificar, generalizar, etc.);

c. relações entre os conteúdos geométricos da geometria plana e espacial.

Quando estudamos como esses conteúdos geométricos foram ensinados, prestamos atenção em como as habilidades são usadas (construir, planificar, modificar para transformar), de modo a trabalhar os processos matemáticos no desenvolvimento de habilidades de comunicação e/ou para representar as formas, a composição ou a decomposição destas, ou mesmo a inclusão, a exclusão ou a sobreposição de relações entre diferentes classes estabelecidas com diferentes tipos de classificação (partições hierárquicas ou classificações), tendo em conta vários universos e critérios para a classificação das figuras e o estabelecimento de relações por analogia.

A atividade seguinte pretende ilustrar a ideia geral de analogia sob o ponto de vista geométrico inferencial. Notamos que a comparação (analogia) entre a figura tridimensional (espacial) e a respectiva planificação estabelece intuitivamente a relação entre a simples observação e a noção matemática de planificação dos sólidos geométricos, para que se possa "contar" quantos são os elementos geométricos que a compõem.

Figura 3.1 – Atividade matemática baseada em sólidos geométricos relacionando geometria espacial e geometria métrica plana no reconhecimento de analogias

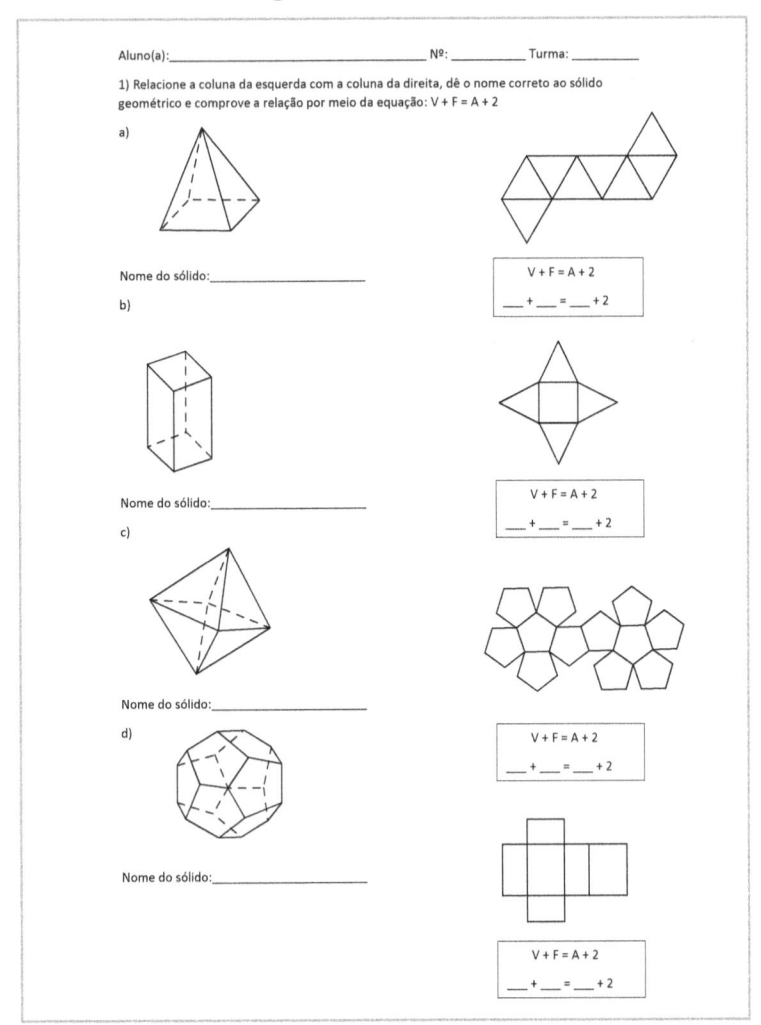

Aluno(a):_____ Nº: _____ Turma: _____

1) Relacione a coluna da esquerda com a coluna da direita, dê o nome correto ao sólido geométrico e comprove a relação por meio da equação: V + F = A + 2

a)

Nome do sólido:_____

V + F = A + 2
___ + ___ = ___ + 2

b)

Nome do sólido:_____

V + F = A + 2
___ + ___ = ___ + 2

c)

Nome do sólido:_____

V + F = A + 2
___ + ___ = ___ + 2

d)

Nome do sólido:_____

V + F = A + 2
___ + ___ = ___ + 2

Assim, nesse exemplo, o uso de diferentes contextos (espacial e plano), com todas as possibilidades que oferecem para o estabelecimento de relações entre os conteúdos geométricos em diferentes dimensões, potencializa a aprendizagem do conteúdo em relação ao conhecimento matemático. Da mesma forma, a utilização de diferentes materiais, diagramas e tabelas facilita a verbalização e os processos heurísticos (da descoberta e analogia).

3.2.1 Orientações para a análise de materiais disponíveis

Segundo o pesquisador indiano Aggarwal (2001), países em desenvolvimento dependem fortemente do livro didático, especialmente nas instituições nas quais os professores não são bem qualificados. Na mesma pesquisa, ele relata que os livros didáticos são centrais à escolaridade e nunca serão substituídos nos processos educativos.

O próprio Ministério da Educação do Brasil aponta para a necessidade de ampla discussão sobre o papel do livro didático na formação do professor. Pesquisas (por exemplo, Lajolo, 1996) discutem por que, para muitos professores, o livro é o guia principal para a implementação do currículo, quase um **manual do usuário**. Esse fato decorre da necessidade de um guia para conduzir "corretamente" os caminhos a serem trilhados em determinada série. Sem essa luz, a tarefa docente de se manter no caminho poderia fracassar.

Consequentemente, a avaliação dos livros e materiais didáticos de matemática é uma tarefa importante para que conteúdos sejam ministrados sem perder de vista as práticas didático-pedagógicas inerentes à profissão docente. Para auxiliar a tarefa de escolha dos materiais didáticos, sejam livros ou recursos tecnológicos, sejam materiais manipuláveis ou *softwares* de matemática, oferecemos três proposições básicas:

1. Bons livros didáticos e professores bem preparados podem desempenhar papel central na melhoria da educação matemática para a maioria dos alunos.

2. A qualidade dos livros didáticos de matemática deve ser julgada principalmente sobre a sua eficácia em ajudar os alunos a alcançar importantes objetivos de aprendizagem matemática, e existe um amplo consenso de que os livros serão potencialmente heurísticos (primarão pela analogia a problemas recorrentes na matemática).

3. Analisar os livros em profundidade, pois, muito mais do que o seu conteúdo, é necessário avaliar se nele existe potencial para os estudantes realmente aprenderem o assunto desejado naquele ano letivo.

Já não é segredo nem conversa de sala dos professores que o currículo de Matemática do ensino médio requer atenção urgente. É nesse momento que a maioria dos estudantes encontram programas de matemática que tratam unicamente de aplicações repetitivas e não desafiadoras da atividade. Como resultado, existe o desinteresse na área (enquanto profissão), e eles se tornam incapazes de tirar proveito de toda a gama de opções acadêmicas e de carreira no campo das exatas.

Outro aspecto observado nos livros é o conceito de apresentação dos conteúdos e as adequações às séries escolares. Awofala, Arigbabu e Awofala (2014) afirmam que a maioria dos livros didáticos de matemática tratam conceitos, princípios, teoremas, provas e modelos de forma altamente verbal e ilógica, sem levar em conta a interface entre a disciplina de Matemática e outras disciplinas muito próximas, como a Física e a Química.

Aggarwal (2001) sugeriu **orientações sobre a relevância e a adequação dos recursos didáticos** escolhidos pelos professores de Matemática: (1) Seleção de conteúdo, (2) Organização de conteúdo, (3) Apresentação de conteúdo, (4) A comunicação verbal (linguagem) e (5) Comunicação Visual (ilustração).

Para cada um dos itens acima, o autor identificou algumas características específicas, da seguinte forma:

1. **Seleção do conteúdo** – o conteúdo deve:

    a. ser relevante;

    b. ter uma cobertura adequada sobre o assunto;

    c. possuir quantidade adequada de tópicos para cada assunto;

    d. ser inédito;

    e. ter perspectiva de ampliação;

    f. apresentar atividades interdisciplinares;

    g. possuir vínculos com a vida real.

2. **Organização do conteúdo** – o conteúdo deve:
   a. apresentar divisão dos capítulos adequados por unidade temática;
   b. dividir o assunto em seções adequadas e de modo interdisciplinar;
   c. abordar o assunto de forma cognitivista e adequada à série à qual se destina.
3. **Apresentação do conteúdo** – o conteúdo deve:
   a. ter título atraente e adequado;
   b. apresentar os capítulos com ensaios motivacionais (para que este capítulo serve?);
   c. ser criativo e interessante.
4. **Comunicação verbal (linguagem)** – a linguagem deve:
   a. ter vocabulário apropriado à idade dos alunos aos quais se destina;
   b. apresentar frases curtas e simples, de fácil entendimento e desligada de regionalismos;
   c. possuir ortografia correta;
   d. exibir pontuação correta.
5. **Ilustração visual** – as ilustrações devem:
   a. ser adequadas para o nível mental dos alunos;
   b. ser facilmente e cronologicamente transportáveis;
   c. motivar os alunos para que possam pesquisar mais sobre o tema ilustrado;
   d. ser relevantes e propositais;
   e. ser precisas quanto às definições e aos conceitos matemáticos;
   f. ser simples e de fácil acesso;
   g. ser grandes o suficiente para serem observadas.

O princípio da igualdade denota a possibilidade de que todos os alunos de Matemática do ensino médio tenham acesso a um material didático de qualidade (livro, apostila, programa de computador, entre outros). Esse fato relaciona-se com as maneiras com que o texto oferece oportunidades a todos os alunos para desenvolverem os conhecimentos necessários da disciplina, bem como uma apreciação de contextos culturais, históricos e econômicos da matemática.

Cada material didático deve fornecer clara orientação para a solução de cada tipo de problema, principalmente por meio de exemplos trabalhados, que devem permitir à maioria dos estudantes a realização dos exercícios práticos, mesmo que em sistemas apostilados. Os exercícios consistem basicamente de aplicações diretas na forma de enunciados de problemas, os quais mesclam enunciados longos e curtos, mas sempre interdisciplinares, com contexto, seja ele matemático, atitudinal, comportamental ou cultural.

A nossa intenção não é equivocada, não estamos superestimando o papel do livro didático em detrimento da ação do professor. A abordagem de ensino, subjacente à prática do professor, é que fará com que o material didático se torne (ou não) um potencial aliado no processo de ensino-aprendizagem da Matemática.

Os contextos dos problemas devem fazer conexão com situações cotidianas, muitas das quais serão razoavelmente autênticas (por exemplo, as conversões de moeda, as funções que representam planos de telefonia móvel), enquanto outras serão um pouco mais distantes da realidade (a proporção de árvores de uma floresta, o cálculo de cubagem de madeira). De qualquer modo, na perspectiva da educação matemática, o ideal é trabalhar todas essas abordagens e ainda tratar das aplicações históricas e outras atividades que valorizem a história da matemática sem perder de vista a importante figura do professor como agente ativo da execução do projeto pedagógico como um todo.

3.3 Produção de materiais didáticos: possibilidades e limitações

Dado que a Matemática é apresentada como um componente essencial do currículo escolar, a produção de materiais didáticos dessa disciplina sofreu alterações qualitativas com o passar dos anos. Alguns recursos de aprendizagem foram incorporados aos livros utilizados nas escolas do ensino médio, que passaram a apresentar figuras tridimensionais de acrílico com a possibilidade de instrumentalização da geometria e dos seus desdobramentos (figura tridimensional e planificação), gráficos de funções elaborados em *softwares* de geometria dinâmica, entre outros recursos.

O estudo e a adequação dos materiais didáticos manipuláveis e a formação dos raciocínios numéricos, aritméticos e geométricos estão intimamente ligados à relação que se faz entre a representação concreta do conceito matemático e a atividade mental que tem lugar no modo como o aluno adquire conhecimento pelas experiências e interage com seu ambiente (Cornelius, 1982).

Para conceitos matemáticos em materiais manipuláveis, na linha do desenvolvimento de forma eficaz das relações matemáticas, os alunos precisam ser capazes de raciocinar abstratamente. Assim, os materiais didáticos devem ter **variedade real e relevante de experiências práticas**, para que os alunos possam internalizar os conceitos. Afinal, estes são construídos com base em uma série de experiências. Os estágios de Piaget, na teoria construtivista, e os ensaios da representação da linguagem e do desenvolvimento proximal, de Vygotsky, são guias úteis para o ensino de matemática com materiais manipuláveis com vistas à apropriação concreta dos conceitos matemáticos*.

---

* Existe e sempre existirá um debate teórico entre as posições de Jean Piaget e Lev Vygotsky. Pela via da análise, hão de se especificar as características das argumentações sobre o desenvolvimento e a aprendizagem, a mudança conceitual, a atividade, e o paradoxo da aprendizagem para cada autor. Em linhas gerais, as análises piagetianas e vigotskianas mantêm sua problematização específica e também certa compatibilidade. Essa compatibilidade e o fato de compartilharem algumas teses

Dreyfus (1990) defende que os alunos constroem o conhecimento dialeticamente, progredindo ao longo de uma série de imagens de conceitos cuja evolução está condicionada à superação de obstáculos cognitivos. Daí a necessidade de determinar a adequação do ensino e da aprendizagem de recursos para a Matemática, uma vez que isso afetaria o modo como alunos e professores se relacionam com a matemática em sala de aula.

Ensino nem sempre resulta em aprendizagem. Isso pode parecer evidente, mas, a despeito disso, a maioria dos professores de Matemática continua a usar "giz e cuspe", enquanto os alunos continuam a adotar estratégias de aprendizagem passiva. Para estes, a matemática é algo produzido por gênios distantes no presente, residentes no passado e que não têm relação com o mundo atual, ou seja, a matemática parece que não é "feita para os alunos". O que temos de imediato, na sala de aula, é um conjunto de procedimentos isolados e de técnicas para aprender de forma mecânica, em vez de uma rede interligada de interesses recíprocos.

Em muitas das aulas de Matemática, nas quais se observa que a aprendizagem é insatisfatória, podem-se considerar evidentes uma ou mais das seguintes características em relação aos alunos (Silva, 1993):

a. Recebem **tarefas de baixo nível**, que são mecanicista e podem ser completadas imitando-se uma rotina ou processo sem profundidade de pensamento.

b. São principalmente **receptores de informação** e têm pouca oportunidade de participação direta nas atividades matemáticas, pois não lhe são concedidas explorações de diferentes abordagens.

c. Dispõem de **tempo insuficiente para desenvolverem** sua compreensão das atividades propostas;

d. Têm **pouco tempo para explicar o seu raciocínio** e considerar os méritos de abordagens alternativas.

---

fundamentais ensejam a uma perspectiva de colaboração nas pesquisas sobre problemas relativos à psicologia. Para estudar com mais afinco as compatibilidades teóricas entre Piaget e Vygotsky, recomendamos a leitura do artigo de Castorina (1998).

Nosso primeiro objetivo na concepção idealista do que é um bom material didático de matemática, aliado à formação continuada dos professores, é fazer com que a abordagem de diferentes recursos torne tanto a produção quanto o ensino da Matemática mais eficazes, sendo capazes de desafiar os alunos a se tornarem mais ativos e participantes. Desejamos que o professor de Matemática, diante de diferentes tipos de materiais didáticos, instigue os alunos a se envolver na discussão dos assuntos, explicando suas ideias, desafiando e ensinando uns aos outros, compartilhando seus resultados, criando e resolvendo problemas heuristicamente.

Nesse sentido, deixamos clara a distinção entre materiais didáticos e recursos didáticos. Os **materiais didáticos** são produzidos propositadamente para ser utilizados no processo ensino-aprendizagem da Matemática e dependem de diretrizes curriculares que definem a presença de conteúdos em determinadas séries escolares, por exemplo, o livro didático de matemática para o primeiro ano do ensino médio. Os **recursos didáticos** podem ser definidos como sendo qualquer material que pode ser utilizado no processo ensino-aprendizagem, mas que não foi produzido necessariamente para esse propósito; por exemplo, o computador utilizado para desenvolver um conteúdo de geometria por meio do *software* Geogebra.

Os recursos didáticos são projetados para incentivar a "melhorar a prática" docente; porém, eles por si só não garantem a eficácia do ensino. Isso é inteiramente dependente da forma como eles são usados em sala pelo professor.

Síntese

Neste capítulo, discorremos sobre a importância do livro didático e do conhecimento da legislação vigente quanto a sua produção e distribuição nas escolas. O livro didático, além de ser uma poderosa ferramenta pedagógica, sempre exerceu papel de protagonista na cultura educacional brasileira. A trajetória política do livro didático no Brasil data de 1929, com a criação do Instituto Nacional do Livro (INL), culminando com a aprovação do Programa Nacional do Livro Didático (PNLD), em 1985, que vigora até hoje. Já nas aulas de Matemática, especificamente, a figura do professor autor de livros e de material didático representa, em sentido amplo, a ação didática e docente juntas para auxiliar a sedimentação dos conhecimentos adquiridos pelos alunos em sua formação inicial.

Atividades de autoavaliação

1. A Base Nacional Comum Curricular (BNCC) é um documento normativo que define o conjunto de aprendizagens essenciais que todos os alunos devem desenvolver ao longo das etapas e modalidades da educação básica. Para o ensino da Matemática, indicam que os conteúdos não se restringem apenas à quantificação de fenômenos determinísticos – contagem, medição de objetos, grandezas – e às técnicas de cálculo com os números e com as grandezas. A matemática também estuda a incerteza proveniente de fenômenos de caráter aleatório. Para cada um dos blocos, os alunos devem desenvolver certas habilidades relacionadas a certas competências, a chamada *Taxonomia de Bloom*. No bloco tratamento da informação, o aluno deverá desenvolver a habilidade de explorar o conceito de número como código na organização das informações, tais como números de telefone e de placas de carro por meio de situações-problema. Na produção de um livro didático para a disciplina de Matemática, que deve levar em conta as orientações presentes na BNCC, o professor autor deve priorizar:

    a) O conteúdo em detrimento do saber fazer.
    b) A forma, a estrutura e as figuras do livro como um todo.
    c) A interdisciplinaridade em detrimento da disciplina.
    d) A resolução de problemas como metodologia.

2. De acordo com a BNCC (MEC, 2017) o pensar e o fazer matemática nas diferentes escolas utilizam processos e ferramentas próprios da Educação e do currículo escolar, incluem tecnologias digitais para modelar e resolver problemas cotidianos, sociais e de outras

áreas de conhecimento. Desenvolvem e/ou discutem projetos que abordem questões de urgência social, com base em princípios éticos, democráticos, sustentáveis e solidários, valorizando a diversidade de opiniões de indivíduos e de grupos sociais, sem preconceitos de qualquer natureza.

Tendo como base as competências específicas de matemática propostas na BNCC, analise as afirmações:

I. Escola Paulo Freire: o currículo é desenvolvido em projetos inter-disciplinares, e os laboratórios de informática estão a serviço da pesquisa livre pelos alunos.

II. Escola Maria Montessori: há uma delimitação clara entre as disciplinas, com horários e espaços bem definidos para as atividades e séries de cada uma, e o ensino é etapista. Os recursos tecnológicos dão suporte à transmissão de conhecimentos.

III. Escola Pierre Lévy: laboratórios de informática, quadros digitais e estúdios de produção audiovisual estão disponíveis aos professores, que são convidados a desenvolver aulas que serão disponibilizadas como cursos complementares online aos alunos.

Qual das análises é coerente em relação a concepções de currículo e uso da tecnologia na educação?

a) As escolas Paulo Freire e Maria Montessori adotam a concepção de currículo centrado no conteudismo e na tecnologia da informação e comunicação.

b) Na escola Paulo Freire, o currículo possui abordagem interdisciplinar, o que favorece o caráter investigativo do uso de recursos tecnológicos no contexto da metodologia de projetos.

c) Na escola Maria Montessori, a delimitação entre as disciplinas demonstra que o currículo é reflexo da pluralidade cultural contemporânea, ao passo que o modo como a tecnologia é adotada remete a um modelo construtivista.

d) Na escola Pierre Lévy, os diversos recursos tecnológicos usados indicam uma visão de currículo calcada no acesso à informação para todos, pois a escola disponibiliza as aulas na internet

3. A partir do ano 1990, foram realizadas reformas curriculares no âmbito das instituições educativas do Brasil, dentre elas, a nova Lei de Diretrizes e Bases da Educação (LDB) e, na mesma esteira, os Parâmetros Curriculares Nacionais (PCN). Tais reformas revelaram que:

a) as particularidades da implementação dessas diretrizes devem ser programadas pela equipe diretora de cada escola.

b) a equipe diretora deve aceitar a proposta e a desenvolver com o apoio do coordenador pedagógico.

c) as ações pedagógicas e administrativas devem ser modificadas de forma coletiva e participativa.

d) os projetos oficiais devem apontar com clareza as ações a serem executadas.

4. O fazer docente pressupõe a realização de um conjunto de operações didáticas coordenadas entre si. São o planejamento, a direção do ensino e da aprendizagem e a avaliação, cada uma delas desdobradas em tarefas ou funções didáticas, mas que convergem para a realização do ensino propriamente dito.

LIBÂNEO, J. C. **Didática**. São Paulo: Cortez, 2004. p. 72.

Considerando que para desenvolver cada operação didática inerente aos atos de planejar, executar e avaliar o professor precisa dominar certos conhecimentos didáticos, avalie quais afirmações se referem a conhecimentos e domínios esperados do professor.

I. Conhecimento dos conteúdos da disciplina que leciona, bem como capacidade de abordá-los de modo contextualizado e fazer uso de diferentes materiais didáticos.

II. Domínio das técnicas de elaboração de provas objetivas, por se configurarem instrumentos quantitativos precisos e fidedignos para mensurar o rendimento dos alunos.

III. Domínio de diferentes metodologias de ensino e capacidade de escolhê-las conforme a natureza dos temas a serem tratados e as características dos estudantes.

IV. Domínio do conteúdo do livro didático adotado, que deve conter todos os conteúdos a serem trabalhados durante o ano letivo em conformidade com as Diretrizes Curriculares.

É correto apenas o que se afirma em:

a) I e II.
b) I e III.
c) II e III.
d) II e IV.
e) III e IV.

5. A história da matemática pode ser usada como recurso didático, agindo como instrumento que ajuda a formalizar conceitos. Segundo Boyer (1996, p. 14), os conhecimentos matemáticos revelados nos papiros (Papiro de *Rhind* e Papiro de Moscou) foram apresentados a humanidade para resolver problemas práticos, e os elementos principais para comprovar a solução de problemas reais passava por inúmeros cálculos e representações geométricas. Hoje, dando-se prioridade aos elementos metodológicos para a resolução de problemas não ligados à realidade dos alunos, surgem de imediato, dificuldades em matemática, levando muitos ao desinteresse pela disciplina. Sob a ótica de que é essencial na formação docente, no incentivo à pesquisa e na adaptação dos livros à realidade dos alunos, é correto apenas o que se afirma em:

a) O processo de conhecimento deve ser refletido e encaminhado com base na perspectiva de uma prática social transformadora.
b) Saber qual conhecimento deve ser ensinado nas escolas continua sendo uma questão nuclear para o processo pedagógico.
c) O processo de conhecimento deve possibilitar compreender, usufruir e transformar a realidade.
d) A escola deve ensinar os conteúdos previstos na matriz curricular, mesmo que sejam desprovidos de significado e sentido para professores e alunos.

e) Os projetos curriculares devem desconsiderar a influência do currículo oculto que existe na escola que tem caráter majoritariamente informal e sem planejamento.

Atividades de aprendizagem

Questões para reflexão

1. Segundo a Matriz do relatório Pisa 2012, o "letramento matemático é a capacidade individual de formular, empregar e interpretar a matemática em uma variedade de contextos. Isso inclui raciocinar matematicamente e utilizar conceitos, procedimentos, fatos e ferramentas matemáticas para descrever, explicar e predizer fenômenos. Isso auxilia os indivíduos a reconhecer o papel que a matemática exerce no mundo e para que cidadãos construtivos, engajados e reflexivos possam fazer julgamentos bem fundamentados e tomar as decisões necessárias.". Disponível em: <http://download.inep.gov.br/acoes_internacionais/pisa/marcos_referenciais/2013/matriz_avaliacao_matematica.pdf>. Acesso em: 23 mar. 2017.

Os estudantes brasileiros pontuaram 413 em leitura, 384 em matemática e 404 em ciências — respectivamente, três, cinco e dois pontos acima do exame anterior, realizado em 2015. O relatório da OCDE enxerga isso como mudanças pouco significativas estatisticamente e não necessariamente indicativas de uma tendência de alta.

Para efeito comparativo, a maior pontuação global no Pisa é dos chineses: os estudantes das áreas de Pequim, Xangai, Jiangsu e Zhejiang tiveram, respectivamente, 555, 591 e 590 em leitura, matemática e ciências.

De que maneira poderíamos criar estratégias que promovessem a melhora dos indicadores Pisa da escola onde você atua (atuou)? Liste quatro atitudes que poderiam melhorar a classificação da sua escola em matemática no relatório Pisa.

2. Muitas vezes, os próprios educadores, por incrível que pareça, também são vítimas de uma formação alienante, não sabem o porquê daquilo que oferecem aos alunos, não sabem o significado daquilo que ensinam e, quando interrogados, dão respostas evasivas: "é pré-requisito para as séries seguintes", "cai no vestibular", "hoje você não entende, mas daqui a dez anos vai entender". Muitos alunos acabam acreditando que aquilo que se aprende na escola não é para entender mesmo, que só entenderão quando forem adultos, ou seja, acabam se conformando com o ensino desprovido de sentido. Para ensinar os porquês da matemática, há de se debruçar sobre livros e fontes de pesquisa diversas para a ampliação do que foi apresentado de conteúdo na formação inicial.

Indique quatro fontes de pesquisa diferentes do livro comercial que podem ampliar o conhecimento dos professores na habilidade de responder aos porquês da matemática.

Atividade aplicada: prática

1. Produza um questionário direcionado aos seus colegas professores da disciplina de línguas com três perguntas:

    a) Seus alunos têm dificuldade de interpretação dos enunciados das questões de Língua Portuguesa?

    b) O que você pensa em relação às dificuldades que os alunos apresentam ao ler problemas de matemática?

    c) Que atitude você tomaria para melhorar a qualidade da interpretação dos problemas de línguas?

Planejamento de sequências didáticas

No presente capítulo, falamos sobre a necessidade de se aplicarem as teorias didáticas francesas no ensino da Matemática. Não queremos com isso afirmar que a didática francesa é "a melhor" teoria didática, mas ela nos parece a mais bem estruturada. Por isso, nosso objetivo é abordar aquilo que há de específico nos saberes matemáticos, propiciando explicações, conceitos e teorias, assim como meios de previsão e análise, com vistas a incorporar resultados relativos aos comportamentos cognitivos dos alunos tal e qual preconizava Jean Piaget.

4.1 Sequências didáticas: em busca de coerência

A **Teoria das Situações Didáticas** tem como referência os trabalhos da Escola de Didática francesa de Guy Brousseau (1993-), e dita, entre outros aspectos, que, no trabalho docente, pela via das situações didáticas, e não didáticas é preciso desenvolver a autonomia do aluno na construção de seus saberes de modo que ele seja capaz de manter uma relação recíproca de aprendizagem. Por **relação recíproca** entendemos os ensinamentos de Paulo Freire (1921-1997) no que tange à análise da interação professor-aluno sob a perspectiva da Pedagogia Dialógica (Freire, 1996). Essa abordagem traz aspectos preponderantes, como o respeito aos educandos e o desenvolvimento de uma relação intercomunicativa. Segundo Freire, a relação professor-aluno constitui-se em um esquema horizontal de respeito e intercomunicação, com destaque para o diálogo como componente central de uma aprendizagem significativa, o que tornaria a relação de poderes e de comunicação recíproca e de mesma posição. Ela proporciona condições favoráveis ao professor para elaborar, aplicar, acompanhar e realizar análises, convidando o aluno a construir saberes relativos a um conteúdo matemático, sem a interferência direta do professor nessa construção.

Nas situações didáticas, o professor e o aluno negociam o "contrato didático"; uma vez compreendido o contrato, são enunciadas as regras, definindo papéis por um dos quais o aluno se compromete a se apropriar de saberes que o professor propõe nas atividades da sequência didática.

Segundo Brousseau (1996),

> Uma situação didática é um conjunto de relações estabelecidas explicitamente e ou implicitamente entre um aluno ou um grupo de alunos, num certo meio, compreendendo eventualmente instrumentos e objetos, e, um sistema educativo (o professor) com a finalidade de possibilitar a estes alunos um saber constituído ou em via de constituição [...]. O trabalho do aluno deveria, pelo menos em parte, reproduzir características do trabalho científico propriamente dito, como garantia de uma construção efetiva de conhecimentos pertinentes.

Brousseau introduziu o conceito de **contrato didático**, em 1978, com a finalidade de elucidar as possíveis razões do fracasso escolar na Matemática. Ele observou em seus estudos que alunos que não gostavam da disciplina não tinham necessariamente a mesma atitude em relação às outras. Para o autor, o fracasso escolar na Matemática estaria no não esclarecimento e no descumprimento do contrato didático.

Nesse movimento dinâmico das relações didáticas, é interessante destacarmos os comportamentos e as atitudes adotadas pelos alunos na figura de atores principais do contrato didático. Isso significa que, no cotidiano da sala de aula, há um conjunto de regras, por vezes explícitas, que traduzem o jogo de relações didáticas. O contrato contém as obrigações e os papéis que serão desempenhados pelo professor e pelos alunos ao longo do processo de ensino-aprendizagem.

Para Brousseau, o contrato didático consiste em um:

> conjunto de comportamentos do professor que são esperados pelos alunos e o conjunto de comportamentos do aluno que são esperados pelo professor. [...] Esse contrato é o conjunto de regras que determinam, uma pequena parte, explicitamente, mas, sobretudo, implicitamente, o que cada parceiro da relação didática deverá gerir e aquilo de que, de uma maneira ou de outra, ele terá que prestar conta perante o outro. (Brousseau, 1980, p. 38, tradução nossa)

Na prática, a ideia de contrato sugere algo que pode ser rompido, esquecido, substituído, destituído, distratado. Muitas vezes, o rompimento se dá sem que as partes estejam de acordo sobre isso. No Direito, temos que: "O contrato é a mais comum e mais importante fonte de obrigação, devido às suas múltiplas formas e inúmeras repercussões [...]." (Gonçalves, 2013, p. 21).

O fato é que, na dinâmica da sala de aula, não há um contrato padrão a ser preenchido e assinado pelas partes (aluno, professor e conhecimento matemático). O que existe é um jogo de relações didáticas, um **movimento didático e dinâmico**. Esse movimento altera a posição dos espaços destinados às práticas pedagógicas e determina o momento da aprendizagem do aluno – o que, por vezes, modifica também a ação didática do professor (Medeiros Junior, 2007).

Para Brousseau (1978), a interação entre professor e aluno envolve mecanismos de regulação da produção: o professor acrescenta regras, aprimora o pensamento reflexivo e valida as situações do contrato didático, por exemplo, por meio da resolução de um problema ou de uma atividade de modelagem.

Na sala de aula, o conhecimento matemático não é apenas transmitido pelo professor e apropriado pelos alunos simplesmente pela assinatura de um contrato. "Ele é disputado, aceito, rejeitado, elaborado e reelaborado no processo concreto de interlocução. Nesse espaço, entrecruzam-se diversas vozes e diferentes significados, influindo no curso do ensino e da aprendizagem." (Medeiros Junior, 2007, p. 87).

Nas sequências didáticas, existe a possibilidade de ir além da aquisição do conhecimento matemático, construindo conceitos, não só pela situação em si, mas também por experimentação e experienciação excepcionais (Larrosa, 2011). Vamos trabalhar, agora, com algumas sequências didáticas.

4.2 Sequência didática envolvendo geometria métrica plana

O **tema** da atividade é o conceito de circunferência em geometria métrica plana. O **problema gerador** pode ser enunciado da seguinte forma: é possível imaginar o que aconteceria se desenhássemos uma figura com muitos lados, tendendo, como ponto de chegada, a uma infinidade de lados? Seria possível então afirmar que a circunferência é uma figura com infinitos lados? Observe as figuras:

| Figura com 8 lados | Figura com 12 lados | Figura com 20 lados |

Segundo contam os historiadores, os geômetras da antiguidade não consideravam que tal afirmação fosse possível, pois ela ofuscava a beleza da circunferência, que era vista como perfeita e ideal. Vamos aceitar inicialmente que a circunferência é uma figura harmônica e perfeita, dotada de elementos bem definidos, quais sejam: o centro (ou origem), o raio, o diâmetro, a corda, a semicircunferência e, especialmente, o **arco da circunferência**. O arco tem destaque especial por conter elementos que vão desde a representação de uma parte da circunferência para a determinação de ângulos até a representação do arco-capaz, conceito mais avançado de geometria plana.

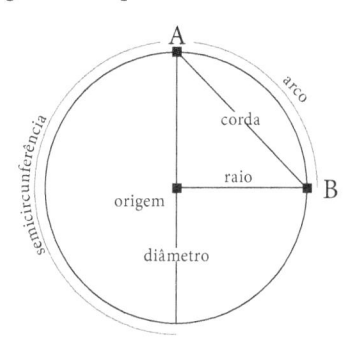

É importante observar que o arco da circunferência é a "curva" que foi delimitada pelos pontos do segmento $\overline{AB}$, conforme a figura anterior. Tendo em vista que um ponto pode ser determinado pela interseção de duas retas, transpomos a mesma definição para os espaços curvos (espaços que não são perfeitamente planos), objeto de estudo das geometrias não euclidianas, nas quais as retas são curvas que acompanham o espaço esférico determinado e, assim, poderíamos afirmar que temos intersecções de curvas, ou ainda, interseção de arcos da circunferência.

Nas imagens seguintes, temos a representação da intersecção de retas no plano, que formam o ponto A; a representação da intersecção de arcos, também no plano, formando o ponto B; e a intersecção de curvas (espaço curvo), representada pelo ponto C.

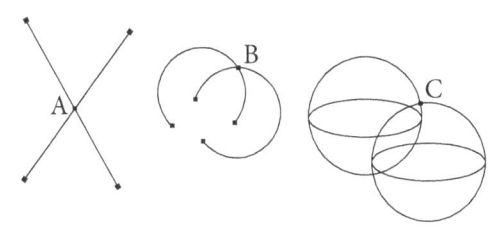

> PENSE A RESPEITO
>
> Na sua prática escolar, ou mesmo durante sua formação como estudante, você recorda de alguma forma empírica (prática) de demonstrar a existência de pontos utilizando dobraduras ou algum outro tipo de material manipulável? Elabore uma sequência didática e registre suas observações e experiências com essa atividade.

4.3 Sequência didática envolvendo a definição de ângulos

Para esta sequência didática, trataremos apenas dos ângulos feitos com régua e compasso. Portanto, o **tema** é a construção de ângulos com régua e compasso. O **problema gerador é**: o que é mesmo um ângulo?

Comecemos pela etapa conceitual, definindo ângulo. A definição – seja ela filosófica, histórica, matemática, etimológica – transita por três campos bem definidos: os que recorrem às semirretas, ao plano e a outras ideias. (Vianna; Cury, 2001)

As definições de ângulo que recorrem às semirretas são as mais citadas pelos diversos autores de livros didáticos de matemática para os ensinos fundamental e médio. Assim, elas podem ser subdivididas em (Vianna; Cury, 2001):

1. Aceitam os ângulos nulo e raso;
2. Não aceitam os ângulos nulo e raso;
3. Aceitam o ângulo nulo, mas não aceitam o ângulo raso.

Notamos que as definições de *ângulo nulo* e *ângulo raso* são consideradas como conhecidas *a priori*. Assim, vamos arriscar um entendimento do que vem a ser ângulo, ângulo nulo e ângulo raso.

Onde o ângulo aparece? Talvez em um canto de parede, no giro dos ponteiros do relógio, nos movimentos dos braços em relação às pernas e ao tronco. Não foi assim que aprendemos? Mas será que essas ideias são suficientes?

Ângulo nulo remete a "vazio", "zero", "ausência de". Então, um ângulo nulo é aquele que não aparece. E um **ângulo raso**? "A piscina está rasa" faz você lembrar de algo? Vamos tentar visualizar uma imagem disso.

Então raso é o ângulo horizontal? É possível construir um ângulo raso verticalmente? Como? Com uma abertura no compasso de meia volta, ou seja, em 180°.

Para explorar melhor as definições de ângulos, vamos fazer uso do trabalho de Vianna e Cury (2001). O artigo que os autores escreveram relata uma experiência com alunos na graduação em Matemática da Universidade Federal do Paraná (UFPR) no ano de 1999.

A seguir, apresentamos algumas das definições encontradas por Vianna e Cury (2001) em livros de matemática adotados por algumas escolas brasileiras. A nossa ideia inicial é apresentar definições diferentes para um mesmo ângulo, analisá-las e, então, formular uma definição final para cada um. Adotaremos esse princípio para todos os ângulos apresentados.

DEFINIÇÕES QUE RECORREM A SEMIRRETAS

1. **Aceitam os ângulos nulo e raso**
    a. "Ângulo é a figura formada por duas semirretas que têm a origem comum" (Quintella, 1950, p. 139, citado por Vianna; Cury, 2001, p. 24).

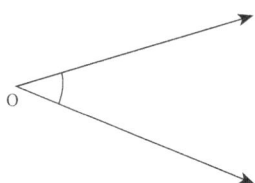

b. "Ângulo é a figura formada pela reunião de duas semirretas tendo a mesma origem" (Sangiorgi, 1966, p. 154, citado por Vianna; Cury, 2001, p. 24).

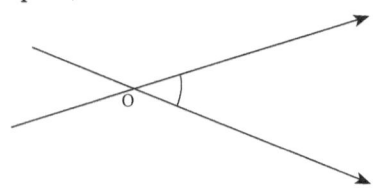

c. "Da geometria plana sabemos que um ângulo é caracterizado por um par de semirretas de origem no mesmo ponto" (Machado, 1994, p. 218, citado por Vianna; Cury, 2001, p. 24).

Note que, nas definições A, B e C, a ênfase dada ao conceito de **semirretas de mesma origem** parece ser o elemento comum, mas será que é o ideal? Vejamos como é a classificação de outros autores.

2. **Não aceitam os ângulos nulo e raso**

   a. "Um ângulo é a reunião de dois raios que têm o mesmo ponto extremo, mas não estão situados na mesma reta" (SMSG*, 1964, p. 43, citado por Vianna; Cury, 2001, p. 24).

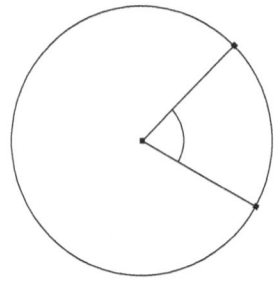

   b. "Considere três pontos não colineares: A, O e B. Ângulo geométrico AÔB é a figura formada pelas semirretas OA e OB" (Bongiovanni, 1990, p. 212, citado por Vianna; Cury, 2001, p. 24).

---

* SMSG – School Mathematics Study Group. **Matemática**: curso colegial. Brasília: Ed. da UNB, 1964. vol. 1

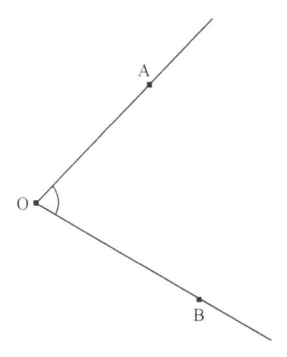

O fato de os livros analisados considerarem, por exemplo, que ângulos são como raios que não estão na mesma reta, impede que os ângulos nulo e raso existam. Note que, na definição do autor Bongiovanni, três pontos não colineares são pontos não pertencentes à mesma reta. Novamente, descarta-se a existência dos ângulos nulo e raso. Seria ideal? Vejamos mais algumas classificações.

3. **Aceitam o ângulo nulo, mas não aceitam o ângulo raso**

    a. "A reunião de duas semirretas distintas, de mesma origem e não opostas é um ângulo" (Iezzi; Dolce; Machado, 1982, p. 198, citados por Vianna; Cury, 2001, p. 24).

    b. "Ângulo é uma figura geométrica plana, formada por duas semirretas, não opostas e de mesma origem" (Mori; Onaga, 1998, p. 229, citados por Vianna; Cury, 2001, p. 25).

Veja que, se não aceitamos que semirretas podem ser opostas, descartamos a possibilidade de que, por exemplo, os ponteiros do relógio estejam marcando 6h em ponto. Note: não estamos definindo ângulo nos ponteiros do relógio. A noção de ângulo é estanque em geometria plana. Em geometria dinâmica, por meio de *softwares* específicos (por exemplo, o Cabri-Géomètre), podemos animar os traçados para melhor visualização por parte do aluno. Assim, ângulos nos ponteiros do relógio têm intencionalidade didática não conceitual.

4. **Aceitam o ângulo raso, mas não aceitam o ângulo nulo**

   a. "A figura formada por duas semirretas de mesma origem e não coincidentes chama-se ângulo" (Bianchini, 1986, p. 84, citado por Vianna; Cury, 2001. p. 25).

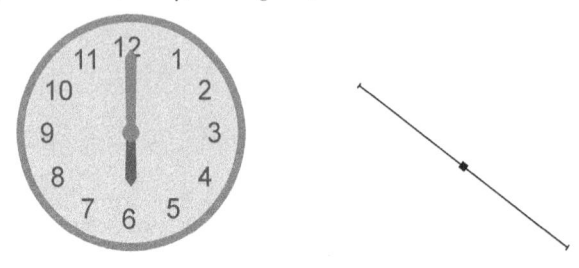

   b. "Ângulo é a figura geométrica formada por duas semirretas de mesma origem e não coincidentes" (Malveira, 1987, p. 123, citado por Vianna; Cury, 2001. p. 25).

   Se não aceitamos que semirretas podem ser coincidentes, descartamos a possibilidade de que, por exemplo, os ponteiros do relógio estejam marcando 12h (ou 24h) em ponto.

Definições que recorrem à região do plano

1. "Duas retas *r* e *s* que se cortam em um ponto A, dividem um plano em quatro regiões. Cada uma dessas regiões recebe o nome de ângulo" (Pierro Neto, [S. d.], p. 258, citado por Vianna; Cury, 2001. p. 25).

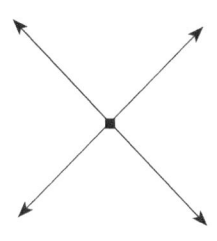

2. "Sejam $\overline{OA}$ e $\overline{OB}$, duas semirretas distintas de mesma origem O. A região do plano determinada pelas duas semirretas é chamada ângulo" (Domênico; Lago; Ens, [S. d.], p. 93, citados por Vianna; Cury, 2001. p. 25).

3. "Denominamos ângulo a região convexa formada por duas semirretas não opostas que têm a mesma origem" (Giovanni; Giovanni Jr., 2000, p. 30, citados por Vianna; Cury, 2001. p. 26).

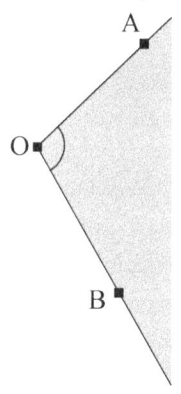

Recorrendo ao plano, não se descarta a possibilidade de construção de semirretas que nele estejam contidas. Note que a abertura delimitada pelas semirretas determina um espaço que os autores chamam de *plano*. Dessa maneira, ângulos nulos seriam representados por planos coincidentes? E ângulos rasos, por planos opostos? Anote suas reflexões.

> PENSE A RESPEITO
>
> Na sua prática escolar, ou mesmo durante sua formação, você se recorda de como era definido o ângulo? Em caso afirmativo, de que modo tal definição era recebida e tratada por você? E como ela é recebida, agora, pelos seus alunos? Se você não se recordar, pesquise por outras definições de ângulos em livros didáticos mais atuais. Elabore uma sequência didática para alunos do ensino médio explorando as diferentes definições de ângulo apresentadas por Vianna e Cury (2001). Registre suas observações e experiências com esta pesquisa.

4.4 Sequências didáticas e a definição de ângulo usando régua e compasso

Segundo Vianna e Cury (2001), a tentativa de responder qual a melhor definição de ângulo nos leva a outra questão:

> o que significa, exatamente, definição "correta"? Quais os critérios para aceitar uma definição e não aceitar outra? Em uma análise inicial, vemos que, nas definições citadas, há uma clara variação de linguagem ao longo do tempo, além da persistência de dois grupos, um que considera o ângulo constituído pelas semirretas e outro que considera o ângulo constituído por uma região do plano, havendo predominância do primeiro. Além disso, é possível encontrar diferenças significativas que vão além dos termos utilizados. Por exemplo, entre as definições que recorrem a semirretas, encontramos todos os casos possíveis quanto à aceitação ou não dos ângulos nulo e raso. (Vianna; Cury, 2001, p. 26)

Percebemos que explorar o campo da "definição" se torna imediato quando expomos em aula conceitos que retiramos dos livros didáticos. Vimos que as decisões sobre a correção de determinada definição partem da importância de olhar o conceito em diferentes autores, o que envolve, entre outros fatores, a **não aceitação** de uma única definição.

Cabe destacar que uma sequência didática deve recorrer a outros livros, como dicionários (escolares, etimológicos e filosóficos); deve-se pesquisar em livros de história da matemática e, também, conversar com outros professores para disseminar outras práticas de construção e definição de ângulos na geometria.

Corroboramos Vianna e Cury (2001, p. 28): "As escolhas, entretanto, não são neutras, elas não são feitas em 'abstrato'; podemos nos perguntar: quais são e como operam as concepções prévias dos professores de Matemática, no momento em que se propõem a fazer a escolha de uma definição? Esse é um ponto fundamental!".

Insistimos que a questão primordial das sequências didáticas é o **preparo consciente e diversificado das definições e regras** para que se tenha clareza do que estamos propondo, dos objetivos desta ou daquela atividade. É dar significado aos conceitos e às atividades propostas. Se acreditamos que a matemática (ou a geometria) é uma ciência falível e corrigível, podemos expandir, modificar e remodelar as suas definições e regras de acordo com as necessidades dos alunos e da turma. Conhecer mais do que uma definição contribui para que a riqueza dos conceitos seja amplamente oferecida aos alunos e amplamente discutida entre os professores.

Importante!

Com base nas questões que apresentamos anteriormente e em sua experiência docente ou discente, registre no seu caderno de anotações (por meio de um resumo) quais seriam as definições de ângulo que você utilizaria nas aulas de geometria do ensino médio. Registre também a razão da sua escolha e como as demais definições podem ser exploradas nas aulas.

Daqui em diante, vamos nos preocupar com as construções específicas de cada ângulo notável. Definir ângulos como *notáveis* seria um recurso didático para encurtar a frase: *construção daqueles ângulos que aparecem com maior frequência nos exercícios de construção de figuras geométricas fechadas na maioria dos livros didáticos.* Fique atento ao fato de que, para desenhar as construções a seguir, utilizamos apenas régua e compasso.

ÂNGULO DE 90° – MÚLTIPLOS E SUBMÚLTIPLOS

1º passo: Desenhe um segmento de reta com tamanho qualquer. Essa será a **reta suporte**. Note que os segmentos têm começo e fim; assim, nomearemos as extremidades como A e B.

2º passo: Com a ponta seca do compasso em A, ou, com **o compasso com centro em A**, trace um arco de abertura qualquer (a abertura do compasso, em termos simplistas, é o raio da circunferência). Observação: não feche o compasso!

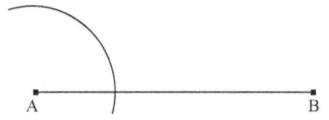

3º passo: Note que o arco intercepta o segmento $\overline{AB}$ em um ponto. A este ponto chamaremos C.

4º passo: Com **o compasso com centro em C**, trace um arco com a mesma abertura que utilizou em A. Assim, encontraremos o ponto D.

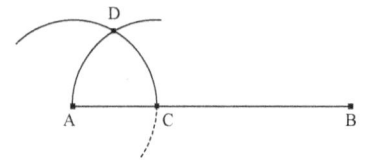

5º passo: Com **o compasso com centro em D**, trace um arco com a mesma abertura que utilizou em A e C. Assim, encontraremos o ponto E.

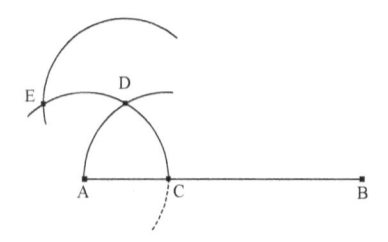

6º passo: Com **o compasso com centro em E**, trace um arco com a mesma abertura que utilizou em A, C e D. Assim, encontraremos o ponto F.

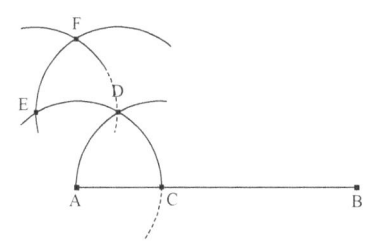

Passo final: trace por A e F uma reta. Assim, temos um ângulo de 90° (ou um canto com 90°).

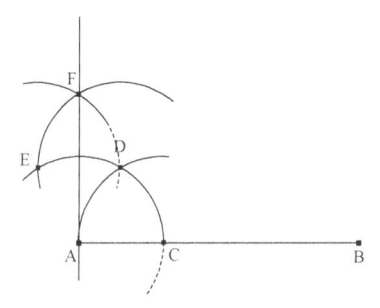

Em termos geométricos, um ângulo de 90°, como apresentado acima, é classificado como **reto**, pois divide a circunferência de raio AC em quatro quadrantes, sendo um dos quadrantes relacionado à perspectiva geométrica plana que se aproxima de um canto de parede, no esquadro. Ou seja, o esquadro tem o ângulo reto pronto: ele seria um gabarito do ângulo de 90°.

Talvez, por isso, o símbolo de ângulo reto seja tradicionalmente representado pela seguinte figura:

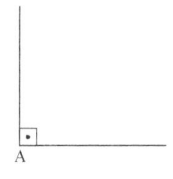

Note que se trata do canto de um quadrado, por isso o ponto no meio, para chamar a atenção de que se trata de um ângulo notável que aparece na maioria das construções arquitetônicas contemporâneas.

> PENSE A RESPEITO
>
> Com base nas noções iniciais apresentadas, como seria possível construir o ângulo de 180°, ou ângulo de meia-volta, ou, como vimos anteriormente, "raso"? Registre no seu caderno de anotações o modo como conduziu os traçados, passo a passo, até o resultado final.

ÂNGULO DE 45°

Tendo como base o ângulo de 90° (refaça as construções em um outro segmento e em uma nova folha), passaremos a construir o ângulo de 45°.

Aritmeticamente, a metade de 90° é 45°: essa é uma forma de calcular esse ângulo. Isso quer dizer que o ângulo de 45° tem como origem o ângulo reto.

Mas como obtê-lo geometricamente? Utilizaremos a definição de **bissetriz** do ângulo, que é a semirreta que tem origem no vértice do ângulo de 90° e divide-o em outros dois **ângulos congruentes**. Como já temos um entendimento aritmético de que 45° é a metade de 90°, podemos afirmar que **ângulos congruentes** são ângulos de medidas iguais.

Vamos retomar o ângulo reto:

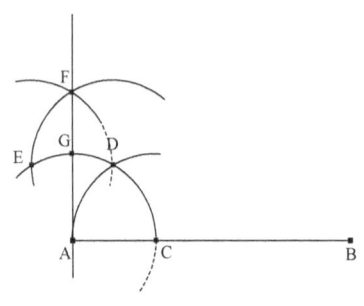

O ângulo de 45° é a bissetriz do ângulo de 90°. Ou seja, está na metade do ângulo reto. Passemos à determinação da bissetriz do ângulo de 90°.

Primeiro, nota-se que a circunferência de centro A intercepta $\overrightarrow{AF}$ em um ponto que chamaremos de G. Os pontos C e G determinam um arco (em notação formal, temos $\overset{\frown}{CG}$) da circunferência de centro A. Com o compasso com centro em D, traçamos um arco com abertura qualquer na região interna do ângulo de 90°. Seguimos a mesma operação e a mesma abertura, agora com centro em C. Note que os arcos se interceptam em um ponto que chamaremos de Z (para lembrar bissetriz). Por fim, traçamos por A e Z uma semirreta.

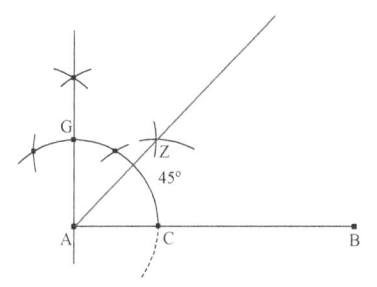

Assim, temos um ângulo de 45° (ou a bissetriz de 90°).

4.5 Sequências didáticas e as diferentes perspectivas geométricas

A perspectiva apontada neste livro é a geometria no plano, de caráter intuitivo-dedutivo. Os elementos mais comuns encontrados nas formas geométricas são o ponto, a reta e o plano, tradicionalmente chamados de **entes geométricos fundamentais**. Para desenvolver esse assunto, utilizaremos a noção de *dimensão* como *grandeza mensurável*; para isso, podemos considerar uma figura tridimensional ou espacial (dotada de largura, comprimento e altura); plana (com largura e comprimento); ou, ainda, linear (com apenas uma dimensão).

Um ponto pode ser a cabeça de um alfinete ou o resultado do cruzamento de duas retas (ou até mesmo de duas curvas ou arcos feitos com compasso, como vimos anteriormente). Podemos imaginar uma multidão vista de cima: para um observador que estivesse sobrevoando o local onde ela está, as pessoas seriam pontos. Tendo em vista o fato de que o ponto não está determinado pelas dimensões, dizemos que o ponto é um ente **adimensional** (desprovido de dimensão).

Daqui em diante, trataremos de explorar os pontos não isolados. Por exemplo, dois pontos desenhados em uma folha, independentemente da posição, determinam uma reta? E se estiverem desenhados na superfície de uma bexiga, teríamos, assim mesmo, uma reta?

> **Pense a respeito**
>
> Vamos considerar que as duas possibilidades mencionadas são verdadeiras. Observe as figuras que têm o traçado de retas na superfície da bexiga e registre o que notou. Sugerimos que você elabore uma sequência didática que tenha como tema as diferentes perspectivas da geometria projetiva.

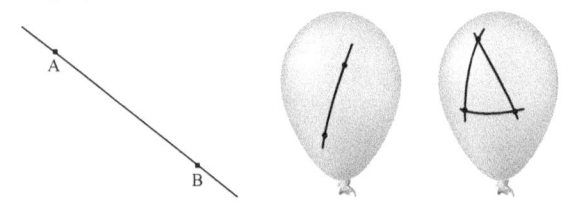

Uma infinidade de pontos determina, quando alinhados, uma reta. Quanto mais pontos, mais "esticamos" a reta. Como indicação, simbolizamos a reta que passa por dois pontos A e B como sendo $\overleftrightarrow{AB}$, ou seja, a reta não começou a ser desenhada em A, e sim passou por A (teve como ponto de partida outro ponto distinto) e também por B, não terminando o traçado neste segundo ponto. Sendo um tanto pragmático, podemos dizer que a reta não tem começo nem fim.

Se fixarmos um ponto como início do traçado da reta, sem a preocupação de um fim, teremos uma semirreta. Como indicação, simbolizamos a semirreta que passa por dois pontos A e B como sendo $\overrightarrow{AB}$, ou seja, a reta começou a ser desenhada em A e passou por B, não terminando o traçado em B. Grosso modo, podemos dizer que a semirreta tem começo, mas não tem fim.

O "esticar", ou mesmo o fim do traçado, pode ser delimitado; teríamos, então, um comprimento do segmento de reta, ou seja, um pedaço da reta, com começo e fim definidos. Como indicação, simbolizamos o segmento de reta delimitado por dois pontos A e B como sendo $\overline{AB}$, ou seja, a reta começou a ser desenhada em A e terminou o traçado em B. Podemos dizer que o segmento de reta tem começo e fim.

Assim, o segmento de reta é **unidimensional**, ou seja, está determinado pelo comprimento.

⊢—⊣
u
(unidade de medida)

A •————————————• B
segmento de reta
com 7 u

O tema de que tratamos neste ponto é a **geometria projetiva**. Podemos descrever o **problema** da seguinte forma: uma infinidade de pontos determina, quando não alinhados, um plano ou superfície. Três pontos, não alinhados, determinam um plano? Para facilitar a identificação dos entes geométricos nas sequências didáticas propostas, o contrato é:

- pontos receberão a identificação por qualquer letra do alfabeto latino; para destacarmos e diferenciarmos das retas, utilizaremos letras maiúsculas;
- retas serão nomeadas seguindo o mesmo critério; porém, utilizamos letras minúsculas do alfabeto latino;
- os planos serão nomeados, preferencialmente, pelas três primeiras letras minúsculas do alfabeto grego: α (*alfa*), β (*beta*) e γ (*gama*).

PENSE A RESPEITO

Vamos criticar o que apresentamos? Retome suas ideias sobre a geometria no plano (euclidiana) e compare-as com as ideias apresentadas até o momento. De que maneira você poderia explorar a geometria euclidiana e a não euclidiana nas aulas do ensino médio? Registre suas observações.

Se na vida real só encontramos segmentos de reta, nunca linhas retas (que não têm começo nem fim, são infinitas), então, como podemos ter certeza de que dois segmentos de reta se mantêm à mesma distância quando prolongados infinitamente? Ainda assim, não nos apropriamos do axioma das paralelas como erro histórico: apontamos apenas que o absolutismo da definição impede a ampliação do pensamento crítico. Além disso, é fundamental conhecer as definições para distinguir o espaço euclidiano de todos os outros espaços possíveis.

No **espaço euclidiano**, o contorno (perímetro) de uma circunferência é igual a *pi* (por ser a primeira letra das palavras gregas para *perímetro* e *periferia*) vezes o seu diâmetro, ou, da forma com a qual estamos habituados, $\pi = \frac{C}{d}$; além disso, a soma dos ângulos internos de um triângulo é igual a dois ângulos retos, ou seja, $\alpha + \beta + \gamma = \pi$ (que é a representação do ângulo de 180° no círculo trigonométrico). Tal equação é restrita ao espaço plano, livre de curvas.

Dos espaços planos, só há dois que são também uniformes no mesmo sentido do espaço euclidiano, ou seja, todos os seus pontos e todas as suas direções são equivalentes. O primeiro desses espaços tem uma geometria hiperbólica e foi descoberto independentemente por Johann Carl Friedrich Gauss (1777-1855), com a "geometria diferencial", Nikolai Ivanovich Lobachevsky (1792-1856), com a "geometria do semiplano hiperbólico", e Janos Bolyai (1802-1860), com a "geometria hiperbólica". O segundo tem uma geometria esférica e foi descoberto por Georg Friedrich Bernhard Riemann (1826-1866), com a "geometria elíptica ou esférica".

Em 1826, Lobachevsky fez uma comunicação ao Departamento de Matemática e Física em uma sessão do Conselho Científico na Universidade de Kazan (Rússia). Esse trabalho foi publicado em 1829 e nega o 5º axioma de Euclides: na geometria de Lobachevsky, por um ponto exterior a uma reta passa mais do que uma paralela. Uma importante consequência dessa geometria é que a soma dos três ângulos internos de um triângulo é menor do que dois ângulos retos ($\alpha + \beta + \gamma < 180°$, ou π), ou seja, há uma curvatura negativa, uma curva fechada simples e côncava. Acompanhe pelo esquema a seguir:

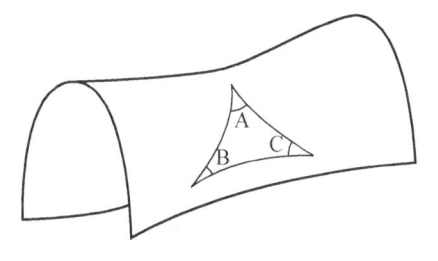

As quatro geometrias (espaços) criadas no século XIX distinguem-se essencialmente pelos seguintes postulados:

1. Na geometria hiperbólica, por um dado ponto, passam muitas geodésicas paralelas a uma geodésica dada;
2. na geometria elíptica ou esférica, não existe nenhuma geodésica paralela a uma geodésica dada.

Por outro lado, na geometria hiperbólica, o perímetro de uma circunferência é maior que pi vezes o seu diâmetro: $X > \pi \times d$; e, no espaço esférico, o perímetro de uma circunferência é menor que *pi* vezes o seu diâmetro: $X < \pi \times d$; e a soma dos ângulos internos de um triângulo é maior do que dois ângulos retos: ($\alpha + \beta + \gamma > 180°$ ou π).

Para efeito de visualização, na geometria euclidiana, um triângulo qualquer tem a soma dos ângulos internos igual a 180°, o que difere da concepção de Riemann.

Triângulo euclidiano   **Triângulo riemanniano**

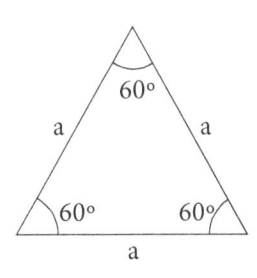

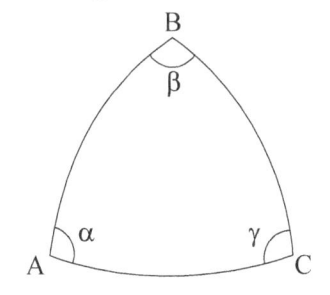

No espaço 3D, Riemann entendia que retas no infinito (tangentes a algum ponto da circunferência) iriam se curvar, acompanhando o contorno da esfera, como segue:

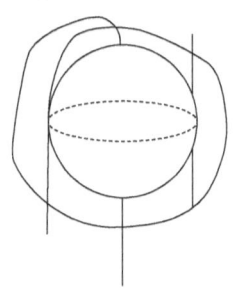

Assim, na geometria riemanniana, o triângulo teria soma dos ângulos internos iguais a 270°. Em vez de retas, teríamos "geodésicas" (retas curvas).

Geometria euclidiana   **Geometria riemanniana**

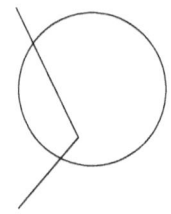

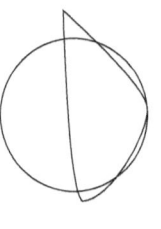

O estudo de geometria deve levar em consideração o referencial adotado, seja ele o plano, seja a perspectiva esférica. Em se tratando de geometria euclidiana, o livro *Elementos*, de Euclides, tem sua representação máxima da geometria métrica plana no livro I, no qual o autor fornece as definições primitivas, passando aos axiomas e postulados. As demais quarenta e oito conjecturas se distribuem em três grupos:

a. as primeiras vinte e seis tratam de propriedades do triângulo e incluem os três teoremas de congruência;
b. da vinte e sete à trinta e dois, é estabelecida a teoria das paralelas e provado que a soma dos ângulos de um triângulo é igual a dois ângulos retos;

c. da trinta e três à quarenta e seis, lida-se com paralelogramos, triângulos e quadrados, com atenção especial a relações entre áreas; a proposição quarenta e sete é o Teorema de Pitágoras, com a demonstração atribuída ao próprio Euclides, e a proposição quarenta e oito é o recíproca do Teorema de Pitágoras.

E ideia de que "um ponto é o que não tem parte", ou seja, é adimensional? Como é possível desenhar um ponto sem espessura? A própria grafite, o giz etc. têm uma fina camada que dotaria o ponto de três dimensões, como segue.

E a ideia de que "uma reta é um comprimento sem largura"? Da mesma forma que o ponto, o traçado de uma reta implica a escolha da largura do traço, e, além disso, se ampliado muitas vezes, notamos que o traço tem espessura, ou seja, a quantidade de material gasto na confecção da linha, então é um bloco retangular!

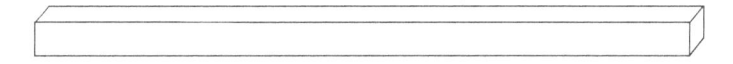

Quanto à noção de que "um plano tem apenas comprimento e largura", como é possível desenhar o plano no nada? Presumimos que, se se o desenharmos numa uma superfície já existente, o plano terá espessura, largura e comprimento; então, trata-se de um bloco retangular!

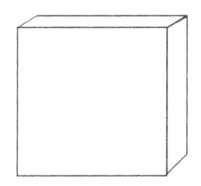

As definições seguintes aparecem na forma de postulados em meio às noções comuns tratadas como axiomas. Os postulados são proposições geométricas específicas e imutáveis. Sabe-se que *postulado* significa "o que se considera como fato reconhecido e ponto de partida, implícito ou explícito, de uma argumentação; premissa" (Houaiss; Villar, 2012). Desse modo, a geometria euclidiana pressupõe e admite como válidas as suas proposições como ponto de partida para os estudos de geometria.

Postulado 1

Dados dois pontos, há um segmento de reta que os une.

Para Euclides, a figura seria assim:

Em contrapartida, para Riemann e a geometria não euclidiana, a noção é diferente. Afinal, dados dois pontos, há uma curva que os une:

Postulado 2

Dados um ponto qualquer e uma distância qualquer, pode-se construir um círculo de centro naquele ponto e com raio igual à distância dada.

Para Euclides:

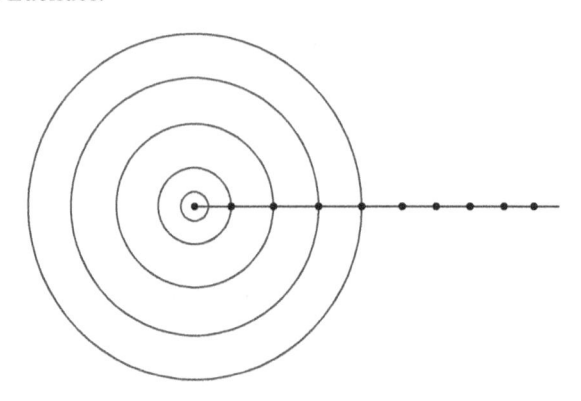

Já para Riemann, dados um ponto qualquer e uma distância qualquer, podem-se construir vários círculos de centro naquele ponto com raio igual à distância dada:

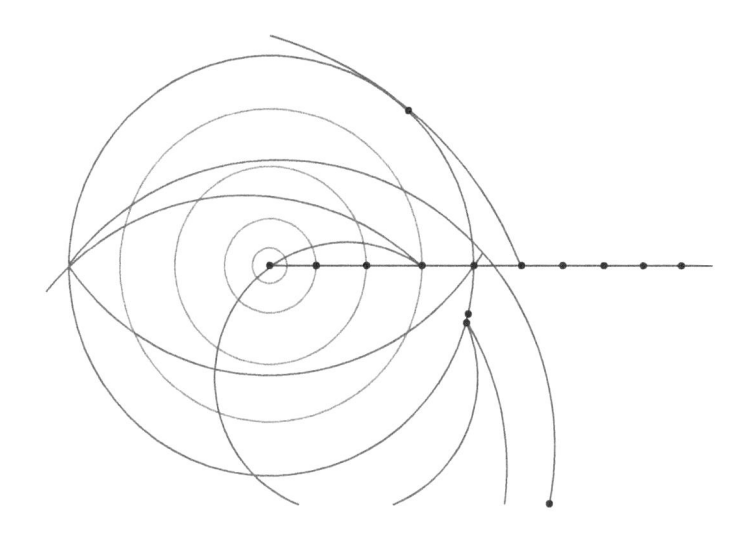

Postulado 3

Se uma linha reta cortar duas outras retas de modo que a soma dos dois ângulos internos de um mesmo lado seja menor do que dois retos, então essas duas retas, quando suficientemente prolongadas, cruzam-se do mesmo lado em que estão esses dois ângulos.

Trata-se do célebre 5º Postulado de Euclides. Porém, na geometria riemanniana, a soma dos ângulos de um mesmo lado pode ser maior do que 180º (dois ângulos retos); afinal, como já mencionamos, as retas são curvas que ultrapassam o limite imposto pelo plano euclidiano. Portanto, não existem retas que não se cruzam. Assim, a clássica definição "no espaço, duas retas são paralelas se existe um plano que as contém, e essas retas não se tocam, mesmo que estejam em sentidos opostos" cairia em descrença, uma vez que seria possível que todas as retas se encontrassem no infinito, paralelas ou não.

Tais definições tornam-se um diferencial em relação à possibilidade de retomada de conceitos e técnicas em desenho geométrico, procedimento importante do ponto de vista pedagógico e avaliativo.

Talvez uma das mais importantes aplicações desse conhecimento seja na física, já que as geometrias não euclidianas serviram de suporte para a Relatividade Geral, que é a generalização da teoria da gravitação de Newton, e foi publicada em 1915 por Albert Einstein. Essa teoria causou implicações profundas no conhecimento do que é espaço-tempo, levando, entre outras conceituações, à ideia de que a matéria (energia) é curva no espaço e no tempo à sua volta; desse modo, a gravitação universal é um efeito da geometria do espaço-tempo, não apenas uma força que "puxa os corpos para o centro da terra".

No rol de descobertas mais importantes do século XX, está a contribuição de Einstein, afirmando que podemos apresentar as leis da Física Clássica na forma de uma geometria quadridimensional (4D), em que o tempo é a quarta dimensão, adicionada às dimensões espaciais conhecidas – altura, largura e comprimento.

O conceito-chave da teoria da relatividade geral e da invariabilidade dos corpos reside no entendimento do que significa o movimento de um corpo no espaço-tempo quadridimensional. Não há movimento espacial sem que o tempo mude. Na teoria do espaço-tempo, não é possível a um corpo se mover nas dimensões espaciais sem se deslocar necessariamente na dimensão do tempo. Mas, mesmo quando não há movimento espacial nas três dimensões clássicas, estamos nos movendo na dimensão temporal (o tempo continua passando) em direção a uma coordenada futura (como se estivéssemos caindo de um prédio e nunca chegássemos ao chão). Para saber mais sobre o assunto, confira o quadro abaixo.

Curvatura do espaço-tempo proposta por Einstein

Para entender como Einstein fez valer a sua interpretação sobre o espaço-tempo desconectada dos axiomas euclidianos, imagine um observador no espaço profundo. Suponha que ele esteja em repouso e em posição semelhante ao movimento de translação da Terra, só que em linha reta como num tecido por fios perfeitos e paralelos. Se colocarmos instantaneamente ao seu lado um objeto suficientemente grande, a deformação que ele causará no tecido fará com que as linhas (o espaço-tempo) em sua vizinhança se alterem e curvem modificando as coordenadas originais do espaço-tempo local.

O movimento inicial em linha reta na direção temporal passa a ocorrer também nas novas coordenadas espaciais (as linhas que foram deformadas). Na esteira da deformação no tecido, nosso observador começa a se mover espacialmente devido à distorção da geometria causada pela massa do objeto, e não devido à presença de uma força de atração gravitacional vertical (em direção ao centro do objeto). Esse é o efeito que Newton chamou de *gravidade*, mas que, à luz da teoria não euclidiana de Einsein, é uma distorção da geometria do espaço-tempo devido à presença de uma massa maior em relação ao observador.

Como aplicação prática da Teoria da Relatividade Especial, cabe observar a gravidade como fenômeno geométrico. O corpo maior (com mais energia) provoca maior deformação no espaço (na reta do espaço euclidiano), tornando-o uma geodésica* (curva do círculo máximo). Essa deformação é provocada num espaço quadridimensional (altura, largura, altura e tempo), rompendo com a visão vetorial da gravidade proposta por Newton:

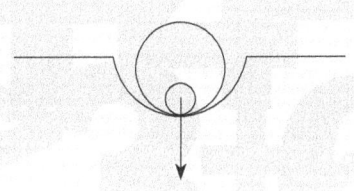

---

* *Geodésica* é o caminho mais curto entre dois pontos, numa determinada geometria (das não euclidianas). É a trajetória que segue no espaço-tempo um objeto em queda livre, ou seja, livre da ação de forças externas. Por isso, a trajetória orbital de um planeta em volta de uma estrela é a projeção num espaço 3D de uma geodésica da geometria 4D do espaço-tempo em torno dessa estrela.

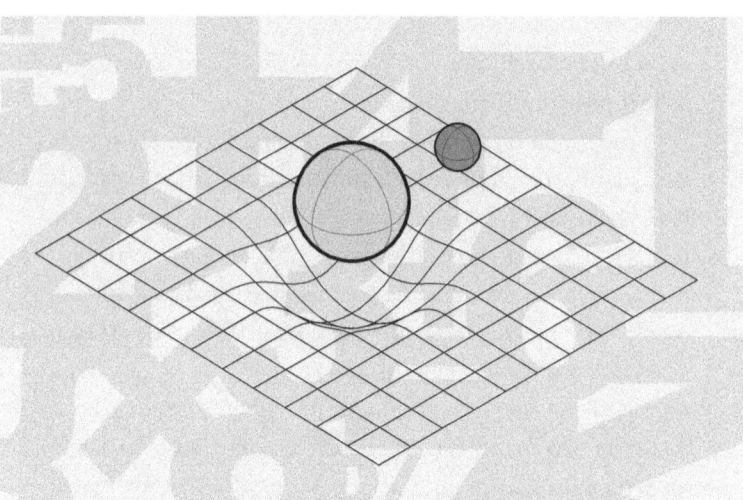

Quanto maior for a massa do objeto, maior será a curvatura do tecido. Se colocarmos perto do vale formado no tecido um objeto mais leve, como uma bola de gude, ela cairá em direção ao objeto maior. Se, em vez disso, atirarmos a bola de gude a uma velocidade adequada em direção ao vale, ela entrará em órbita em torno do objeto maior, desde que o atrito seja pequeno. E isso é, de odo análogo, o que acontece quando a Lua orbita em torno da Terra ou esta em torno do Sol, por exemplo.

Na Relatividade Geral, os fenômenos que a mecânica clássica considerava serem o resultado da ação da força da gravidade são entendidos como representando um movimento inercial num espaço-tempo curvo. A massa da Terra encurva o espaço-tempo e isso faz com que tenhamos tendência a cair em direção ao seu centro (seríamos como as bolinhas de gude mergulhando no tecido deformado).

O ponto essencial é entender que, nessa teoria, a ideia de "força gravitacional vertical" atuando à distância pode ser contestada geometricamente. Na Relatividade Geral, não existe ação à distância, e a gravidade não é uma força, mas sim uma deformação geométrica do espaço encurvado pela presença de uma grande massa, energia ou momento.

INDICAÇÕES CULTURAIS

FILME: trilogia *Cubo*.

1. CUBO. Direção: Vincenzo Natali. Canadá: Trimark Pictures, 1997. 90 min.

2. CUBO 2 – Hipercubo. Direção: Andrzej Sekuła. Canadá: Lions Gate Entertainment, 2002. 94 min.

3. CUBO ZERO. Direção: Ernie Barbarash. Canadá: Lions Gate Entertainment, 2002. 97 min.

A seguir, apontamos aspectos relevantes para a exploração aritmética e geométrica do primeiro filme da trilogia *Cubo*:

- 12min – referência ao número de série de cada sala em uma etiqueta de metal.
- 20min – descoberta: os números primos marcariam as salas com armadilhas; consequentemente as salas que não fossem números primos seriam seguras.
- 24min – a hipótese sobre os números primos e as salas com armadilhas é descartada; a complicação aumenta, pois os números que aparecem nas etiquetas são de bilhões de casas decimais com "n" possibilidades de padrões; cogita-se que só seria possível descobrir algum padrão com um programa de computador.
- 42min – há uma discussão sobre que tamanho teria o *cubo* e o número exato de salas; por meio de um plano de coordenadas cartesianas e algum conhecimento sobre latitude e longitude, as personagens estimam o número de salas das extremidades: seriam sete as possíveis saídas; qualquer semelhança com o sete bíblico, sete pecados capitais etc., não é mera coincidência! As personagens andam pelas salas e encontram alguns corpos (para mostrar a dimensão do tempo – isso fica mais bem explicado no segundo filme).
- 1h 9min – os sobreviventes fazem novos cálculos para tentar encontrar os padrões que giram as portas e, assim, encontrar a saída; uma das personagens usa os números das etiquetas das salas no lugar

das coordenadas cartesianas e monta um plano tridimensional de coordenadas x, y e z.

FILME: INTERESTELAR. Direção: Christopher Nolan. EUA: Paramount Pictures; Warner Bros. Pictures, 2014. 169 min.

Filme de ficção científica que trata (apesar das possíveis divergências entre os físicos teóricos) da teoria da Relatividade Geral e da ideia de buracos negros no espaço. Coloca em cheque a teoria da gravitação universal proposta por Isaac Newton.

Síntese

Vimos, neste capítulo, que, em diferentes níveis de ensino, as sequências didáticas podem ser aprimoradas e utilizadas para apresentar aos alunos as diferentes maneiras de realizar geometrizações na matemática. Em linhas gerais, as sequências didáticas que envolvem a construção de ângulos com régua e compasso não são pontuais ou isoladas.

Em muitos momentos das aulas de Matemática, surge a possibilidade de o professor rever suas técnicas de ensino, explorar, modificar e ampliar as definições apresentadas, além de motivar o estudo mais aprofundado de geometria métrica plana nos alunos.

Atividades de autoavaliação

1. Com base nas explicações do livro sobre os diferentes tipos de geometria, assinale V (verdadeiro) ou F (falso) e depois assinale a alternativa correta:

    ( ) Todo triângulo tem a soma dos ângulos internos iguais a 180°.
    ( ) Por um ponto, passam infinitas retas, independente do espaço em questão.
    ( ) Por dois pontos, passa uma reta, independente do espaço em questão.

( ) Todo polígono é convexo no espaço euclidiano.

( ) Dependendo do espaço, a soma dos ângulos internos de um triângulo pode ser menor do que 180°.

a) F, F, F, V, V.
b) F, F, F, F, V.
c) V, F, F, F, V.
d) V, V, V, V, F.

2. Com relação às geodésicas do espaço não-euclidiano, assinale V (verdadeiro) ou F (falso) e depois assinale a alternativa correta:

( ) Retas paralelas podem se encontrar no infinito.

( ) Geodésicas são curvas de círculo máximo.

( ) Curvaturas positivas são geodésicas com soma dos ângulos internos maior do que 180°.

( ) O ângulo reto e, consequentemente, os retângulos são as figuras mais utilizadas nas construções arquitetônicas, por serem rígidas e ideais.

( ) É impossível criar uma estrutura rígida com três lados.

a) F, F, F, V, V.
b) F, F, F, F, V.
c) V, F, F, F, F.
d) V, V, V, F, F.

3. Com relação às principais características dos espaços euclidiano e não euclidiano, assinale V (verdadeiro) ou F (falso) e depois assinale a alternativa correta:

( ) Retas paralelas no espaço curvo são aquelas que podem se encontram no infinito.

( ) As teorias de Georg Riemann influenciaram a Teoria Geral da Relatividade.

( ) Ponto, reta e plano são os entes geométricos fundamentais na geometria euclidiana.

- ( ) Na geometria euclidiana, a soma dos ângulos internos de qualquer figura plana é igual a 180°.
- ( ) São cinco os postulados euclidianos.
  - a) F, F, F, V, V.
  - b) F, V, V, F, V.
  - c) V, F, F, F, V.
  - d) V, V, V, F, V.

4. Com relação aos postulados euclidianos, assinale V (verdadeiro) ou F (falso) e depois assinale a alternativa correta:

   - ( ) A teoria euclidiana é baseada na curvatura positiva do espaço.
   - ( ) A teoria euclidiana é baseada na curvatura negativa do espaço.
   - ( ) O quinto postulado euclidiano relata que, se uma linha reta cortar duas outras retas de modo que a soma dos dois ângulos internos de um mesmo lado seja menor do que dois ângulos retos, então essas duas retas, quando suficientemente prolongadas, cruzam-se do mesmo lado em que estão esses dois ângulos.
   - ( ) Dados um ponto qualquer e uma distância qualquer desse ponto, pode-se construir um círculo de centro naquele ponto e com raio igual à distância dada.
   - ( ) É impossível que retas perpendiculares se cruzem, mesmo que no infinito.
     - a) F, F, V, V, F.
     - b) F, F, V, F, V.
     - c) V, F, F, F, V.
     - d) V, V, V, F, V.

5. Com relação às principais características do espaço não euclidiano e euclidiano, assinale V (verdadeiro) ou F (falso) e depois assinale a alternativa correta:

   - ( ) Retas paralelas podem ser definidas pelo Teorema de Tales.
   - ( ) Reta perpendicular é um caso especial de retas concorrentes.
   - ( ) Ponto, reta e plano não são definidos na geometria riemanniana.

( ) Na geometria euclidiana, a soma dos ângulos internos de um polígono convexo qualquer é dada por 2n · 180°, sendo "n" o número de lados do polígono.

( ) Retas paralelas estão sempre no mesmo plano. Caso contrário, são curvas do espaço não euclidiano.

a) F, F, F, V, V.
b) V, V, F, V, V.
c) V, F, V, F, V.
d) V, V, V, F, V.

Atividades de aprendizagem

Questões para reflexão

1. Observe a seguinte atividade:

    a) Construir um triângulo ABC qualquer.
    b) Traçar a bissetriz do ângulo CÂB e, em seguida, a bissetriz do ângulo CB̂A.
    c) Marcar o ponto de encontro dessas duas bissetrizes.
    d) Traçar a bissetriz do ângulo BĈA.

    O que você observa? Como você analisaria a qualidade da atividade?

    Prepare um plano de aula em que uma das atividades seja a construção da bissetriz do ângulo AB̂C e considere que, para desenvolvê-la você fará uso de um *software* de geometria dinâmica. Que situações didáticas poderão ser exploradas? Liste cinco delas.

2. Segundo França (2008), as geometrias de Lobachevisky e de Riemann vêm somar-se à geometria de Euclides, ampliando os conceitos geométricos utilizados e questionando o referencial adotado na axiomática euclidiana. Para a autora:

    Gauss foi o primeiro a acreditar que o quinto postulado não tinha dependência nos demais, porém com receio da influência religiosa de sua época não divulgou os seus pensamentos, de modo que até por volta de 1810 poucos sabiam de seu trabalho. Segundo França (2008), Gauss percebeu que o quinto postulado valia para o plano euclidiano, mas não para a tridimensão ou outras superfícies, surgindo assim as geometrias não-euclidianas." (França, 2008, citada por Conceição, 2014 , p. 15)

Na perspectiva da autora, a geometria, como observação imediata das "coisas" da Terra, deveria estar ligada à ideia de objetos tridimensionais e curvos. Elabore um plano de aula para o ensino médio que contemple essa perspectiva não convencional (de referencial não plano) para a geometria.

Atividades aplicadas: práticas

1. O tema central dessa atividade é uma síntese referente aos diferentes tipos de geometria apresentados neste capítulo. Em grupo (com 3 a 5 colegas) ou individualmente, reflita sobre a seguinte questão: superada a ruptura dos paradigmas relativos à geometria, de que modo o resultado dos embates teóricos entre as distintas visões sobre ela afetaram ou afetam a dinâmica escolar, o currículo comum da Matemática e a formação dos professores da disciplina? Ao final da discussão, procure fazer um registro breve das principais questões e reflexões tratadas.

2. Elabore três (ou mais) atividades de ensino que contemplem o subitem: *geometrias não euclidianas – definição, exemplos e contrassensos*. Forme um grupo com três (ou mais) alunos e faça-os trocar entre si as suas anotações. Após lê-las, anote possíveis sugestões para a melhoria dos apontamentos e registre sua impressão sobre a leitura das anotações dos outros membros do seu grupo. ler a atividade do outro. Para nortear a discussão, algumas questões são sugeridas a seguir:

    a) No que você teve mais dificuldade?
    b) A atividade lhe pareceu esclarecedora? Em que sentido?

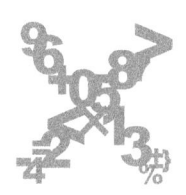

Considerações finais

Mesmo após a elaboração deste livro, ainda fica o sabor de que muito mais poderia ser escrito e de que as discussões sobre as temáticas aqui apresentadas poderiam ser ampliadas. Estamos certos de que os leitores atentos identificaram a ausência destes ou daqueles conteúdos, ou mesmo algumas divergências de ordem conceitual. Isso se dá pelo fato de que os saberes não se esgotam em si: as reflexões, provenientes das discussões com outros colegas de área e da resolução das atividades propostas, desencadeiam um novo processo de conceituação dos tópicos relacionados à abstração e à lógica na matemática.

Adotamos a prática de, por vezes, romper com paradigmas vigentes e ampliar a atuação docente nas aulas de Matemática, com críticas e discussões sobre conceitos cristalizados, com a ideia de negar este ou aquele e contextualizá-los. Por exemplo, as definições milenares sobre ângulos, a geometria plana versus a geometria dos espaços curvos, os polígonos, o círculo e a circunferência, as noções de espaço, curvatura e tempo, situando essas temáticas em diferentes áreas, como, por exemplo, a física.

Como conclusão, vale destacar a figura do professor como pesquisador da educação matemática, à medida que desenvolve sua prática de ensino com mediação da pesquisa e com uma constante reflexão sobre a prática. Assim, ele modifica sua prática e desenvolve uma ação didática no ensino da Matemática.

Entendemos que o professor passa a ser agente do processo de modificação de saberes quando opta por transformar as aulas em ações educativas repletas de ligações e contextualizações (lugar dos conceitos na Matemática). Isso implica afirmar que o entendimento das atividades propostas e a consequente possibilidade da aplicação das ideias em sala de aula dependem da abordagem proposta pelo professor e, portanto, do seu compromisso com a formação dos alunos.

Glossário*

Agrimensor: Indivíduo responsável por medir ou demarcar terrenos. Sua finalidade é o conhecimento cartográfico do solo e de obras realizadas em sua superfície ou em seu subsolo. Garante a determinação do Estado na trama jurídica para fortalecer e melhorar o ordenamento territorial necessário ao reforço da proteção dos direitos da terra. Fornece informação espacial, que permite estabelecer o planejamento e implementação de políticas fundiárias.

Álgebra: Parte da matemática que estuda as leis e os processos formais de operações com entidades abstratas.

Algoritmo: Método ou conjunto de regras ou processos voltados à solução de uma operação matemática ou de um problema.

Analogia: Ponto de semelhança entre coisas distintas. Semelhança entre figuras que só se diferem quanto à escala.

Aritmética: Parte da matemática em que se investigam as propriedades dos números inteiros e racionais.

---

* Glossário elaborado a partir de FERREIRA, E. S. Etnomatemática: um pouco de sua história. In: MONTEIRO, A. et al. **Etnomatemática na sala de aula**. Natal: Ed. da UFRN, 2004. p. 9-20. (Coleção Introdução à Etnomatemática, v. II).

Côncavo: Menos elevado no meio do que nas bordas; cavado, escavado.
Convexo: De saliência curva; arredondado externamente.
Criatividade: Capacidade criadora, engenho, inventividade.
Curva: Lugar geométrico de um ponto que se desloca num espaço com um único grau de liberdade; linha curva. O conceito pode abranger, como caso particular, a linha reta.
Dedução: Subtração, abatimento. O que resulta de um raciocínio; consequência lógica.
Educação matemática: Área de conhecimento que lida com a compreensão de diferentes aspectos que envolvem o processo de ensino e aprendizagem da Matemática.
Geodésica: Sobre uma superfície, curva cuja normal principal coincide, em cada ponto, com a normal a essa superfície. Numa esfera, as geodésicas são as circunferências de grandes círculos.
Homotetia: Propriedade das figuras semelhantes e semelhantemente dispostas; homotesia.
Indução: Raciocínio cujas premissas têm caráter menos geral que a conclusão; indução matemática (lógica): raciocínio por recorrência.
Intuição: Ato de ver e perceber; percepção clara e imediata.
Otimização: Conjunto de técnicas algorítmicas para buscar o valor ótimo de funções matemáticas.
Postulado: Fato ou preceito reconhecido sem prévia demonstração.
Técnica: Parte material ou o conjunto de processos de uma arte.

Referências

ABBAGNANO, N. **Dicionário de filosofia**. 5. ed. São Paulo: M. Fontes, 2007.

ABREU, L. C. de et al. A epistemologia genética de Piaget e o construtivismo. **Revista Brasileira de Crescimento e Desenvolvimento Humano**, São Paulo, v. 20, n. 2, p. 361-366, ago. 2010. Disponível em: <http://pepsic.bvsalud.org/pdf/rbcdh/v20n2/18.pdf>. Acesso em: 15 ago. 2016.

AGGARWAL, J. C. **Principles, Methods and Techniques of Teaching**. 2. ed. New Delhi: Vikas, 2001.

ANDRIOLA, W. B. Doze motivos favoráveis à adoção do Exame Nacional do Ensino Médio (ENEM) pelas Instituições Federais de Ensino Superior (IFES). **Ensaio**: avaliação e políticas públicas em educação, Rio de Janeiro, v. 19, n. 70, p. 107-126, jan./mar. 2011. Disponível em: <http://www.scielo.br/pdf/ensaio/v19n70/v19n70a07.pdf>. Acesso em: 29 maio 2016.

ÁVILA, H. **Teoria dos princípios**: da definição à aplicação dos princípios jurídicos. 2. ed. São Paulo: Malheiros, 2003.

BACHELARD, G. **A formação do espírito científico**: contribuição para uma psicanálise do conhecimento. Rio de Janeiro: Contraponto, 1996.

AWOFALA, A. O. A.; ARIGBABU, A. A.; AWOFALA, A. A. Effects of Framing and Team Assisted Individualised Instructional Strategies on Senior Secondary School Student's Attitudes Toward Mathematics. **Acta Didactica Napocensia**, v. 6, n. 1, 2013. Disponível em: <http://dppd.ubbcluj.ro/adn/article_6_1_1.pdf>. Acesso em: 3 jul. 2015.

BARBOSA, J. C. A "contextualização" e a modelagem na educação matemática do ensino médio. In: ENCONTRO NACIONAL DE EDUCAÇÃO MATEMÁTICA, 8., 2004b, Recife. **Anais...** Recife: Sbem, 2004. Disponível em: <http://www.somaticaeducar.com.br/arquivo/material/142008-11-01-16-22-25.pdf>. Acesso em: 9 ago. 2016.

BARBOSA, J. C. Modelagem Matemática: o que é? Por quê? Como?. **Veritati**, Salvador, v. 4, p. 73-80, 2004a.

BARBOSA, J. C. Modelagem na educação matemática: contribuições para o debate teórico. In: REUNIÃO ANUAL DA ANPED, 24., 2001, Caxambu. **Anais...** Rio de Janeiro: Anped, 2001. Disponível em: <http://www.ufrgs.br/espmat/disciplinas/funcoes_modelagem/modulo_I/modelagem_barbosa.pdf>. Acesso em: 28 maio 2016.

BASSANEZI, C. R. **Ensino-aprendizagem com modelagem matemática**: uma nova estratégia. 2. ed. São Paulo: Contexto, 2004.

BATTISTI, C. A. **O método de análise em Descartes**: da resolução de problemas à constituição do sistema do conhecimento. Cascavel: Edunioeste, 2002.

BAUDRILLARD, J. **A transparência do mal**. Campinas: Papirus, 1992.

BÍBLIA (Antigo Testamento). Crônicas. Português. **Bíblia Sagrada**. Trad. Dom Estêvão Bettencourt. São Paulo: Paulinas, 2009. livro 2, cap. 4, vers. 1.

BICUDO, J. de C. **O ensino secundário no Brasil e sua atual legislação (de 1931 a 1941 inclusive)**. São Paulo: Associação dos Inspetores Federais de Ensino Secundário de São Paulo, 1942.

BICUDO, M. A. V.; BORBA, M. C. (Org.). **Educação matemática**: pesquisa em movimento. 2. ed. São Paulo: Cortez, 2004.

BIEMBENGUT, M. S. Modelagem matemática & resolução de problemas, projetos e etnomatemática: pontos confluentes. **Alexandria**: Revista de Educação em Ciência e Tecnologia, Florianópolis, v. 7, n. 2, p. 197-219, nov. 2014. Disponível em: <https://periodicos.ufsc.br/index.php/alexandria/article/view/38224/29125>. Acesso em: 15 maio 2016.

BIEMBENGUT, M. S.; HEIN, N. **Modelagem matemática no ensino**. 3. ed. São Paulo: Contexto, 2003.

BORBA, M. C.; MALHEIROS, A. P. dos S.; ZULATTO, R. B. A. **Educação a distância online**. Belo Horizonte: Autêntica, 2007.

BOYER, C. B. **História da matemática**. 2. ed. São Paulo: Edgard Blücher, 1996.

BOYER, C. B. **História da matemática**. São Paulo: Editora Edgard Blücher, 2003.

BRASIL. Lei n. 5.540, de 28 de novembro de 1968. **Diário Oficial da União**, Poder Legislativo, Brasília, DF, 29 nov. 1968. Disponível em: <http://www.planalto.gov.br/ccivil_03/leis/L5540.htm>. Acesso em: 23 maio 2016.

BRASIL. Lei n. 5.692, de 11 de agosto de 1971. **Diário Oficial da União**, Poder Legislativo, Brasília, DF, 12 ago. 1971. Disponível em: <http://www.planalto.gov.br/ccivil_03/leis/L5692.htm>. Acesso em: 23 maio 2016.

BRASIL. Lei n. 9.394, de 20 de dezembro de 1996. **Diário Oficial da União**, Poder Legislativo, Brasília, DF, 23 dez. 1996. Disponível em: <http://www.planalto.gov.br/ccivil_03/LEIS/l9394.htm>. Acesso em: 23 maio 2016.

BRASIL. Ministério da Educação. **Apresentação**. Disponível em: <http://portal.mec.gov.br/institucional/historia>. Acesso em: 29 maio 2016.

BRASIL. Ministério da Educação. Instituto Nacional de Estudos e Pesquisas Educacionais Anísio Teixeira. **Matriz de referência para o Enem 2009**. Brasília, 2009. Disponível em: <http://portal.mec.gov.br/busca-geral/179-estudantes-108009469/vestibulares-1723538374/13318-novo-enem>. Acesso em: 17 ago. 2016.

BRASIL. Ministério da Educação. Secretaria de Educação a Distância. Departamento de Informática na Educação a Distância. **Documento norteador de desenvolvimento, uso e avaliação de software educacional.** Brasília, 1999a.

BRASIL. Ministério da Educação. Secretaria de Educação Básica. **Orientações curriculares para o ensino médio:** ciências da natureza, matemática e suas tecnologias. Brasília, 2006.

BRASIL. Ministério da Educação. Secretaria de Educação Fundamental. **Parâmetros Curriculares Nacionais:** ensino médio. Brasília, 1997a.

BRASIL. Ministério da Educação. Brasília, 2000. Disponível em: <http://portal.mec.gov.br/seb/arquivos/pdf/14_24.pdf>. Acesso em: 21 maio 2016.

BRASIL. **Parâmetros Curriculares Nacionais:** introdução aos Parâmetros Curriculares Nacionais. Brasília, 1997b. Disponível em: <http://portal.mec.gov.br/seb/arquivos/pdf/livro01.pdf>. Acesso em: 28 maio. 2016.

BRASIL. **Parâmetros Curriculares Nacionais:** matemática. Brasília, 1997c. Disponível em: <http://portal.mec.gov.br/seb/arquivos/pdf/livro03.pdf>. Acesso em: 28 maio. 2016.

BRASIL. **PCN+:** ensino médio – orientações educacionais complementares aos Parâmetros Curriculares Nacionais. Ciências da natureza, matemática e suas tecnologias. Brasília, 2002. Disponível em: <http://portal.mec.gov.br/seb/arquivos/pdf/CienciasNatureza.pdf>. Acesso em: 28 maio. 2016.

BRASIL. Ministério da Educação. Secretaria de Educação Média e Tecnológica. **Parâmetros Curriculares Nacionais:** ensino médio. Parte III – Ciências da Natureza, Matemática e suas Tecnologias. Brasília, 1999b. Disponível em: <http://portal.mec.gov.br/seb/arquivos/pdf/ciencian.pdf>. Acesso em: 28 maio 2016.

BRITO, G. da S.; PURIFICAÇÃO, I. da. **Educação e novas tecnologias:** um repensar. 2. ed. rev., atual. e ampl. Curitiba: Ibpex, 2008.

BROUSSEAU, G. Fundamentos e métodos da didáctica da matemática. In: BRUN, J. (Org.). **Didáctica das matemáticas.** Lisboa: Instituto Piaget, 1996. p. 35-113.

BROUSSEAU, G. L'observation des activités didactiques. **Revue Française de Pédagogie**, Lyon, v. 45, n.1, p. 129-139, 1978.

BROUSSEAU, G. Problèmes d'enseignement des décimaux. **Recherches en Didactique des Mathématiques**, Grenoble, v. 1, p. 11-59, 1980.

BURAK, D. Modelagem matemática e a sala de aula. In: ENCONTRO PARANAENSE DE MODELAGEM EM EDUCAÇÃO MATEMÁTICA, 1., 2004, Londrina. **Anais...** Londrina: UEL, 2004.

CAMARGO, M. **As centopeias e seus sapatinhos**. São Paulo: Ática, 1996.

CARAÇA, B. de J. **Conceitos fundamentais da matemática**. Lisboa: Livraria Sá da Costa Editora, 1984.

CARRAHER, T. N.; CARRAHER, D. W.; SCHLIEMANN, A. D. **Na vida dez, na escola zero**. 10. ed. São Paulo: Cortez, 1995.

CARVALHO, J. P. de et al. Os debates em torno das reformas do ensino de matemática: 1930-1942. **Zetetiké**: Revista de educação matemática, Campinas, v. 4, n. 5, p. 49-54, jan./jun. 1996.

CASTORINA, J. A. Piaget e Vigotsky: novos argumentos para uma controvérsia. **Cadernos de Pesquisa**, São Paulo, n. 105, p. 160-183, nov. 1998.

CHEVALLARD, Y. **La transposition didactique**. Grenoble: La Pensée Sauvage, 1985.

CHEVALLARD, Y.; JOSHUA, M-A. **Recherches en didactique des mathematiques**. Grenoble: La Pensée Sauvage, 1982. vol. 1.

CIFUENTES, J. C. Uma via estética de acesso ao conhecimento matemático. **Boletim Gepem**, Rio de janeiro, n. 46, p. 55-72, jan./jun. 2005.

CLAUDIO, D. M.; CUNHA, M. L. As novas tecnologias na formação de professores de matemática. In: CURY, H. N. (Org.). **Formação de professores de matemática**: uma visão multifacetada. Porto Alegre: EdiPUCRS, 2001. p. 167-190.

COMMANDINO, F. **Elementos de Euclides**. Coimbra: Imprensa da Universidade, 1855. Disponível em: <http://www.mat.uc.pt/~jaimecs/euclid/elem.html>. Acesso em: 1 jun. 2016.

CONCEIÇÃO, G. L. da. **Geometria riemanniana na educação básica**: material de poio ao professor de matemática. Vassouras: [s.n.], 2014.

CORNELIUS, M. L. **Teaching Mathematics**. New York: Nicholas Publishing, 1982.

COSTA, H. R. A modelagem matemática através de conceitos científicos. **Ciências & Cognição**, Rio de Janeiro, v. 14, n. 3, p. 114-133, nov. 2009. Disponível em: <http://pepsic.bvsalud.org/scielo.php?script=sci_arttext&pid=S1806-58212009000300010&lng=pt&nrm=iso>. Acesso em: 29 maio 2016.

CUNHA, C. L. da. História, conceitos e aplicações sobre PA e PG. **Matemática para iniciantes**: apenas 6 números. As forças profundas que controlam o Universo. 10 mai. 2009. Disponível em: <https://matematica-online-clc.blogspot.com.br/2009/05/historia-conceitos-e-aplicacoes-sobre.html>. Acesso em 11 ago. 2016.

D'AMBROSIO, B. S. Como ensinar matemática hoje? **Temas & Debates**, Brasília, ano 2, n. 2, p. 15-19, 1988.

D'AMBRÓSIO, U. **Etnomatemática**: uma abordagem inclusiva. 19 abr. 2012. Disponível em: <http://professorubiratandambrosio.blogspot.com.br/2012/04/etnomatematica-uma-abordagem-inclusiva.html>. Acesso em: 29 maio 2016.

D'AMBRÓSIO, U. **Transdisciplinaridade**. São Paulo: Palas Atenea, 1997.

DICIONÁRIO PRIBERAM da Língua Portuguesa. 2013. Disponível em: <http://www.priberam.pt/DLPO/Default.aspx>. Acesso em: 15 ago. 2016.

DREYFUS, T. Advanced Mathematical Thinking. In: HOUSON, A. G.; KAHANE, J. P. **Mathematics Thinking**. New York: Cambridge University Press, 1990.

DRUCK, S. O drama do ensino da matemática. **Folha de S. Paulo**, Sinapse, 25 mar. 2013. Disponível em: <http://www1.folha.uol.com.br/folha/sinapse/ult1063u343.shtml>. Acesso em: 28 maio 2016.

FAO – Organização das Nações Unidas para a Alimentação e a Agricultura. **Quase 870 milhões de pessoas no mundo estão subnutridas**: novo relatório sobre a fome. 9 out. 2012. Disponível em: <https://www.fao.org.br/q870mpmesnrsf.asp>. Acesso em: 22 ago. 2016.

FERRAZ, A. P. do C. M.; BELHOT, R. V. Taxonomia de Bloom: revisão teórica e apresentação das adequações do instrumento para definição de objetivos instrucionais. **Revista de Gestão da Produção**, São Carlos, v. 17, n. 2, p. 421-431, 2010.

FERREIRA, E. S. Etnomatemática: um pouco de sua história. In: MONTEIRO, A. et al. **Etnomatemática na sala de aula**. Natal: Ed. da UFRN, 2004. p. 9-20. (Coleção Introdução à Etnomatemática, v. II).

FIORENTINI, D. Alguns modos de ver e conceber o ensino da matemática no Brasil. **Zetetiké**: Revista de Educação Matemática, Campinas, v. 3, n. 4, p. 1-38, 1995a.

FIORENTINI, D. Teses e dissertações de mestrado ou doutorado, relativas à educação matemática, produzidas/defendidas no Brasil no período de 1991 a 1995. **Zetetiké**: Revista de Educação Matemática, Campinas, v. 3, n. 4, p. 103-120, 1995b.

FRANÇA, D. M. de A. **A produção oficial do movimento da matemática moderna para o ensino primário do estado de São Paulo (1960-1980)**. Dissertação (Mestrado em Educação Matemática) – Pontifícia Universidade Católica de São Paulo, São Paulo, 2007.

FRANÇA, L. **Imagens e números**: interseções entre as histórias da arte e da matemática. São Cristóvão: Editora UFS, 2008.

FREIRE, P. **Pedagogia da autonomia**: saberes necessários à prática educativa. São Paulo: Paz e Terra, 1996. (Coleção Leitura).

FREUDENTHAL, H. **Mathematics as an Educational Task**. Heidelberg: Springer, 1972.

GAGE, N.; BERLINER, D. **Educational Psychology**. Princeton, New Jersey: Houghton Mifflin Company, 1992.

GARCÍA-VERA, A. B. Tres temas tecnológicos para la formación del profesorado. **Revista de Educación**, Madrid, n. 322, p. 167-188, maio/ago. 2000.

GENTILI, P. A educação e as razões da esperança numa era de desencanto. In: OSOWSKI, C. I. (Org.). **Educação e mudança social**: por uma pedagogia da esperança. São Paulo, Edições Loyola, 2002. p. 25-40.

GONÇALVES, C. R. **Direito Civil brasileiro**: contratos e atos unilaterais. 10. ed. São Paulo: Saraiva, 2013.

GUÉRIOS, E. C. et al. **A avaliação em matemática nas séries iniciais**. Curitiba: Ed. da UFPR, 2005.

GUÉRIOS, E. C.; LIGESKI, A. I. S. Resolução de problema em matemática na educação básica: problema em matemática ou em linguagem?. In: CONGRESO IBEROAMERICANO DE EDUCACIÓN MATEMÁTICA, 7. **Anais...** Montevideo, 2013.

HAYS, C. L. Math Book Salted with Brand Names Raises New Alarm. **The New York Times**. 21 mar. 1999. Business Day. Disponível em: <http://www.nytimes.com/1999/03/21/business/math-book-salted-with-brand-names-raises-new-alarm.html?pagewanted=all>. Acesso em: 24 ago. 2016.

HOLLOWAY, J.; PELÁEZ, E. Aprendendo a curvar-se: pós-fordismo e determinismo tecnológico. **Outubro**: revista do Instituto de Estudos Socialistas, São Paulo, n. 2, p. 21-30, 1998.

HOUAISS, A.; VILLAR, M. de S. **Grande dicionário Houaiss da língua portuguesa**. Rio de Janeiro: Instituto Antônio Houaiss; 2012. Disponível em: <http://houaiss.uol.com.br/>. Acesso em: 15 ago. 2016.

IFRAH, G. **História universal dos algarismos**. Rio de Janeiro: Nova Fronteira, 1997.

INEP – Instituto Nacional de Estudos e Pesquisas Educacionais Anísio Teixeira. **Enem**: conteúdo das provas. Disponível em: <http://portal.inep.gov.br/web/Enem/conteudo-das-provas>. Acesso em: 28 maio 2016.

KANTOWSKI, M. G. Processes Involved in Mathematical Problem Solving. **Journal for Research in Mathematics Education**, v. 8, n. 3, p. 163-180, 1997.

KATZ, V. J. **A History of Mathematics**: an Introduction. 2. ed. London: Addison-Wesley, 1998.

KLINE, M. **O fracasso da matemática moderna**. São Paulo: Ibrasa, 1976.

LAGO, S. R. A educação do Brasil não vai bem, mas ainda sonho com as melhoras. **Gazeta do Povo**, Opinião, 15 out. 2015. Disponível em: <http://www.gazetadopovo.com.br/opiniao/artigos/a-educacao-do-brasil-nao-vai-bem-mas-ainda-sonho-com-as-melhoras-5myhfc1taqlwz6ljmfiqpo8o1>. Acesso em: 29 maio 2016.

LAJOLO, M. Livro didático: um (quase) manual de usuário. **Em aberto**, Brasília, ano 16, n. 69, p. 3-10, jan./mar. 1996.

LARROSA, J. Experiência e alteridade em educação. **Reflexão e Ação**, Santa Cruz do Sul, v. 19, n. 2, p. 04-27, jul./dez. 2011.

LESTER, F. K.; D'AMBROSIO, B. S. Tipos de problemas para a instrução matemática no primeiro grau. **Bolema**: Boletim de Educação Matemática, Rio Claro, n. 4, p. 33-40, 1988.

LÉVY, P. **A inteligência coletiva**: por uma antropologia do ciberespaço. 2. ed. São Paulo: Loyola, 1999.

LINS, R. Polêmica: os problemas da educação matemática. **Folha de São Paulo**, 29 abr. 2003. Disponível em: <http://www1.folha.uol.com.br/folha/sinapse/ult1063u385.shtml>. Acesso em: 23 maio 2016.

MEDEIROS JUNIOR, R. J. **Resolução de problemas e ação didática em matemática no ensino fundamental**. Dissertação (Mestrado em Educação) – Universidade Federal do Paraná, 2007.

MIELOST, C. La patata, la gran hambruna irlandesa y el laissez faire (segunda parte). **El mentideiro de Mielost**. 13 maio 2012. Disponível em: <http://chrismielost.blogspot.com.br/2012/05/la-patata-la-gran-hambruna-irlandesa-y_13.html>. Acesso em 15 ago. 2016.

MIORIM, M. A.; MIGUEL, A.; FIORENTINI, D. Ressonâncias e dissonâncias do movimento pendular entre álgebra e geometria no currículo escolar brasileiro. **Zetetiké**: Revista de Educação Matemática, Campinas, n. 1, p. 19-39, mar. 1993.

MIRANDA, G. L. Limites e possibilidades das TIC na educação. **Sísifo**, n. 3, p. 41-50, maio/ago. 2007.

MORAES, M. C. M. de. **Reformas de ensino, modernização administrada**: a experiência de Francisco Campos – anos vinte e trinta. Florianópolis: UFSC, 2000.

MORAN, J. M. **A educação que desejamos**: novos desafios e como chegar lá. Campinas: Papirus, 2007.

NOGUEIRA, C. M. I. A definição de número: uma hipótese sobre a hipótese de Piaget. **Revista Brasileira de Estudos Pedagógicos**, v. 87, n. 216, p. 135-144, 2006.

NTCM – National Council of Teachers of Matemathics. **An Agenda for Action**: Recommendations for School Mathematics of the 1980s. 1980. Disponível em: <http://www.nctm.org/flipbooks/standards/agendaforaction/index.html/>. Acesso em: 17 ago. 2016.

NTCM – National Council of Teachers of Matemathics. **Profissional Standards for Teaching Mathematics**. 1991.

ONU – Organização das Nações Unidas. Conferência das Nações Unidas sobre Desenvolvimento Sustentável. **Sobre a Rio +20**. jun. 2012. Disponível em: <http://www.onu.org.br/rio20/sobre/>. Acesso em: 29 maio 2016.

ONUCHIC, L. R.; ALLEVATO, N. S. G. Novas reflexões sobre o ensino-aprendizagem de matemática através da resolução de problemas. In: BICUDO, M. A. V.; BORBA, M. C. (Org.). **Educação matemática**: pesquisa em movimento. 2. ed. São Paulo: Cortez, 2004. p. 213-231.

PARANÁ. Secretaria de Estado da Educação. **Matemática**: ensino médio. 2006. Disponível em: <http://www.educadores.diaadia.pr.gov.br/arquivos/File/livro_didatico/matematica.pdf>. Acesso em: 24 jun. 2016.

PARANÁ. Secretaria de Estado da Educação. **O professor PDE e os desafios da escola pública paranaense**. Produção didático-pedagógica, 2009. v. II. Disponível em: <http://www.diaadiaeducacao.pr.gov.br/portals/cadernospde/pdebusca/producoes_pde/2009_unicentro_matematica_md_sergio_brasil.pdf>. Acesso em: 29 maio 2016.

PELIZZARI, A. et al. **A aprendizagem significativa**: a teoria de David Ausubel. São Paulo: Moraes, 1982. Disponível em: <http://portaldoprofessor.mec.gov.br/storage/materiais/0000012381.pdf>. Acesso em: 26 ago. 2016.

PIAGET, J. **Abstrações reflexionantes**: relações lógico-aritméticas e ordem das relações espaciais. Porto Alegre: Artes Médicas, 1995.

PIAGET, J. **Gênese das estruturas lógicas elementares**. Rio de Janeiro: Zahar, 1970.

PIRES, C. M. C. **Currículos de matemática**: da organização linear à ideia de rede. São Paulo: FTD, 2000.

PIRES, R. da C. **A presença de Nicolas Bourbaki na Universidade de São Paulo**. Tese (Doutorado em Educação Matemática) – Pontifícia Universidade Católica de São Paulo, São Paulo, 2006.

POLYA, G. **A arte de resolver problemas**: um novo aspecto do método matemático. Tradução e adaptação de Heitor Lisboa de Araújo. Rio de Janeiro: Interciência, 1995.

POLYA, G. **How to Solve It?** 2. ed. New York: Double Anchor Book, 1957.

POLYA, G. **Mathematical Discovery**. New York: John Wiley & Sons, 1981.

POMBO, O. **O quinto postulado de Euclides**. Disponível em: <http://webpages.fc.ul.pt/~ommartins/seminario/euclides/postuladoeuclides.htm>. Acesso em: 15 ago. 2016.

PONTE, J. P.; BROCARDO, J.; OLIVEIRA, H. **Investigações matemáticas na sala de aula**. Belo Horizonte: Autêntica, 2005. (Coleção Tendências em Educação Matemática, v. 7).

PORTAL BRASIL. **Enem 2015 registra o menor número de faltas em sete anos**. 25 out. 2015. Disponível em: <http://www.brasil.gov.br/educacao/2015/10/enem-tem-25-5-de-abstencao-menor-taxa-desde-2009>. Acesso em: 03 jul. 2016.

POSTAL, R. F. **Atividades de modelagem matemática visando a uma aprendizagem significativa de funções afins, fazendo uso do computador como ferramenta de ensino**. Dissertação (Mestrado em Educação) – Centro Universitário Univates, Lajeado, 2009.

ROSA, M. Currículo e matemática: algumas considerações na perspectiva etnomatemática. **Plures Humanidades**, Ribeirão Preto, n. 6, p. 81-96, 2005.

ROSA, M.; OREY, D. C. Uma base teórica para fundamentar a existência de influências etnomatemáticas em salas de aula. **Currículo Sem Fronteiras**, v. 13, n. 3, p. 538-560, set./dez. 2013.

ROSA, M.; OREY, D. C. Vinho e queijo: etnomatemática e modelagem! **Bolema**: Boletim de Educação Matemática, Rio Claro, n. 20, p. 1-16, 2003.

SAVIANI, D. **A nova lei da educação (LDB)**: trajetórias, limites e perspectivas. 5. ed. Campinas: Autores Associados, 1999. (Coleção Educação Contemporânea).

SAVIANI, D. **Educação**: do senso comum à consciência filosófica. 14. ed. Campinas: Autores Associados, 2002. (Coleção Educação Contemporânea).

SBEM – Sociedade Brasileira de Educação Matemática. **Grupos de Trabalho**. Disponível em: <http://www.sbembrasil.org.br/sbembrasil/index.php/grupo-de-trabalho/gt>. Acesso em: 29 maio 2016.

SBM – Sociedade Brasileira de Matemática. **Quem somos**: natureza e missão. Disponível em: <http://www.sbm.org.br/institucional/quem-somos/natureza-e-missao>. Acesso em: 29 maio 2016.

SCHOENFELD, A. H. **Mathematical Problem Solving**. Orlando: Academic Press, 1985.

SCHUBRING, G. O primeiro movimento internacional de reforma curricular em matemática e o papel da Alemanha: um estudo de caso na transmissão de conceitos. **Zetetiké**, Campinas, n. 11, v. 7, p. 29-49, jan./jun. 1999.

SILVA, M. R. G. da. **Concepções didático-pedagógicas do professor-pesquisador em matemática e seu funcionamento na sala de aula de matemática**. Dissertação (Mestrado em Educação Matemática) – Universidade do Estado de São Paulo, Rio Claro.1993.

SWAN, M. **Standards Unit Improving Learning in Mathematics**: Challenges and Strategies. Aug. 2005. Disponível em: <https://www.ncetm.org.uk/public/files/224/improving_learning_in_mathematicsi.pdf>. Acesso em: 29 maio 2016.

TOOM, A. Observações de um matemático sobre o ensino de matemática. **Revista do Professor de Matemática**, v. 44, p. 3-9, 2000. Disponível em: <http://www.educadores.diaadia.pr.gov.br/arquivos/File/2010/veiculos_de_comunicacao/RPM/RPM44/RPM44_01.PDF>. Acesso em: 03 jul. 2016.

UNESP – Universidade Estadual Paulista "Júlio de Mesquita Filho". Câmpus de Rio Claro. **Coleção tendências em educação matemática**. 8 jul. 2016. Disponível em: <http://igce.rc.unesp.br/#!/pesquisa/gpimem---pesq-em-informatica-outras-midias-e-educacao-matematica/colecao-tendencias-em-educacao-matematica/>. Acesso em: 24 ago. 2016.

VALENTE, J. A. (Org.). **O computador na sociedade do conhecimento**. Campinas: Nied; Ed. da Unicamp, 1999.

VIANNA, C. R.; CURY, H. N. Ângulos: uma "história" escolar. **Revista História & Educação Matemática**, v. 1, n. 1, p. 23-37, jan./jun. 2001.

VIDAL, D. G. Escola Nova e processo educativo. In: LOPES, E. M.; FIGUEIREDO, L.; GREIVAS, C. (Org.). **500 anos de educação no Brasil**. 3. ed. Belo Horizonte: Autêntica, 2003. p. 19-41.

Bibliografia comentada

BIEMBENGUT, M. S.; SILVA, V.; HEIN, N. **Ornamentos x criatividade**: uma alternativa para ensinar geometria plana. Blumenau: Furb, 1996.

A professora Maria Salett Biembengut, da Pontifícia Universidade Católica do Rio Grande do Sul – PUCRS, é uma das referências em modelagem matemática no ensino de Matemática. Neste livro, destaca-se o valor do ensino da geometria nas aulas de Matemática com base no dia a dia das pessoas, partindo das formas existentes na natureza ou nas artes.

COUTINHO, L. **Convite às geometrias não euclidianas**. 2. ed. Rio de Janeiro: Interciência, 2001.

Repensar a geometria de Euclides, transformando-a em uma geometria não euclidiana, revolucionou a matemática. Cientificamente, trata-se da possibilidade de uma geometria diferente daquela postulada por Euclides em 300 a.C. que, até pouco tempo, era tida como a única e verdadeira interpretação do espaço em que vivemos. Desde então, outras geometrias surgiram, algumas das quais são apresentadas neste livro.

MONTEIRO, A.; POMPEU JUNIOR, G. **A matemática e os temas transversais**. São Paulo: Moderna, 2001. (Série Educação em Pauta: Temas Transversais).

O livro apresenta contribuições sobre modelagem matemática e a ideia de pedagogia dos projetos na perspectiva da etnomatemática. Apresenta, ainda, sugestões de projetos como a construção de cata-ventos e o consumo de energia elétrica, entre outros.

PERELMAN, Y. **Física recreativa**. Moscou: Mir, 1975.

Este é um clássico do modelo utilitarista (no melhor sentido da frase "mas para que serve isso?"). O autor apresenta várias atividades de investigação matemática aplicadas a situações cotidianas, como medidas em campo em diferentes relações: numéricas, geométricas e diferenciais.

KLINE, M. **O fracasso da matemática moderna**. São Paulo: Ibrasa, 1976.

Em 1976, o professor de Matemática norte-americano Morris Kline fez duras críticas ao Movimento da Matemática Moderna em sua obra Why Johnny Can't Add: The Failure of the New Math *(1973), que foi traduzida em 1976 para o português.*

MATOS, J. M.; VALENTE, W. R. (Org.). **A reforma da matemática moderna em contextos ibero-americanos**. Lisboa: Uied, 2010.

Este livro é uma seleção de estudos do projeto "A Matemática Moderna nas escolas do Brasil e de Portugal: Estudos Históricos Comparativos", interessante para uma melhor compreensão da matemática no Brasil.

LINS, R. Matemática, monstros, significados e educação matemática. In: BICUDO, M. A. V.; BORBA, M. C. (Org.). **Educação matemática**: pesquisa em movimento. São Paulo: Cortez, 2004. p. 92-120.

O professor Romulo Lins afirma que a matemática do matemático é "internalista". Em linhas gerais, ela ostenta o fato de não precisar ter relação com o mundo físico, pois bastaria estar respaldada na axiomática dedutiva e nos modelos matemáticos formais e legítimos da produção de significados dela própria – se esses modelos não forem oriundos de símbolos matemáticos feitos por matemáticos, então, não seriam aceitos. Nesse processo de não aceitação daquilo que não é matemático, vêm à tona os monstros. Os monstros não são nem seguem as leis deste mundo, assim como a matemática do matemático, para muitas pessoas, pode ser vista como algo de fora desse planeta.

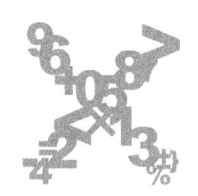

Respostas

Capítulo 1

1. c
2. b
3. d
4. c
5. b

Capítulo 2

1. b
2. c
3. a
4. c
5. c

Capítulo 3

1. c
2. b
3. c
4. b
5. d

Capítulo 4

1. b
2. d
3. d
4. a
5. a

Nota sobre o autor

Roberto José Medeiros Junior nasceu em Curitiba. Licenciado e bacharel em Matemática pela Universidade Tuiuti do Paraná (UTP) (1999), é também especialista em Educação Matemática com ênfase em Tecnologias pela Universidade Tuiuti do Paraná (2001) e especialista em Educação a Distância (Tutoria) pelo Centro Universitário Uninter (2008). Além disso, é mestre em Educação, com linha de pesquisa em Educação Matemática pela Universidade Federal do Paraná (UFPR) (2007). É doutor em Psicologia Social pela Univcrsidade John Kennedy, na Argentina e pós-doutor em Psicologia pela mesma universidade. Entre os anos de 1996 e 2008, atuou como professor de Matemática no ensino fundamental e médio da rede pública e privada e, desde 2003 vem atuando como professor no ensino superior, nos cursos de Licenciatura em Matemática, Física e Pedagogia, na modalidade presencial e a distância, em instituições públicas e privadas. Entre os anos de 2003 e 2005, atuou como professor de Metodologia, Prática de Ensino e Estágio Supervisionado em Matemática na UFPR, nos cursos de Licenciatura em Matemática, Física e Pedagogia. Atualmente, é professor de Matemática Aplicada no Instituto Federal do Paraná (IFPR). Foi um dos autores do livro didático público de matemática para o ensino médio do Estado do Paraná.

Os papéis utilizados neste livro, certificados por instituições ambientais competentes, são recicláveis, provenientes de fontes renováveis e, portanto, um meio responsável e natural de informação e conhecimento.

FSC
www.fsc.org
MISTO
Papel | Apoiando
o manejo florestal
responsável
FSC® C103535

Impressão: Reproset
Junho/2023